用于国家职业技能鉴定
国家职业资格培训教程

YONGYU GUOJIA ZHIYE JINENG JIANDING

GUOJIA ZHIYE ZIGE PEIXUN JIAOCHENG

装饰镶贴工
（抹灰工）
（初级）

U0264822

编审人员

主　编　丰朴春　牛彦磊

副主编　邢玉康　刘　刚　杨晓虎

编　者　贾生广　高　伟　丁文花

主　审　程书锋

中国劳动社会保障出版社

图书在版编目（CIP）数据

装饰镶贴工：抹灰工：初级/人力资源和社会保障部教材办公室组织编写. —北京：中国劳动社会保障出版社，2016

国家职业资格培训教程

ISBN 978 - 7 - 5167 - 2250 - 3

Ⅰ. ①装…　Ⅱ. ①人…　Ⅲ. ①工程装修-技术培训-教材②抹灰-技术培训-教材　Ⅳ. ①TU767②TU754. 2

中国版本图书馆 CIP 数据核字（2016）第 015990 号

中国劳动社会保障出版社出版发行

（北京市惠新东街 1 号　邮政编码：100029）

*

北京市艺辉印刷有限公司印刷装订　　新华书店经销

787 毫米×1092 毫米　16 开本　12 印张　206 千字

2016 年 1 月第 1 版　　2016 年 1 月第 1 次印刷

定价：29. 00 元

读者服务部电话：（010）64929211/64921644/84626437

营销部电话：（010）64961894

出版社网址：http://www.class.com.cn

前　　言

　　为推动装饰镶贴工职业培训和职业技能鉴定工作的开展，在装饰镶贴工（抹灰工）从业人员中推行国家职业资格证书制度，人力资源和社会保障部教材办公室有关专家，编写了装饰镶贴工（抹灰工）国家职业资格培训系列教程。

　　装饰镶贴工（抹灰工）国家职业资格培训系列教程紧贴《标准》要求，内容上体现"以职业活动为导向、以职业能力为核心"的指导思想，突出职业资格培训特色；结构上针对装饰镶贴工职业活动领域，按照职业功能模块分级别编写。

　　装饰镶贴工（抹灰工）国家职业资格培训系列教程共包括《装饰镶贴工（抹灰工）（初级)》《装饰镶贴工（抹灰工）（中级)》《装饰镶贴工（抹灰工）（高级)》3 本。各级别教程的章对应于《标准》的"职业功能"，节对应于《标准》的"工作内容"，节中阐述的内容对应于《标准》的"技能要求"和"相关知识"。

　　本书是装饰镶贴工（抹灰工）国家职业资格培训系列教程中的一本，适用于对初级装饰镶贴工（抹灰工）的职业资格培训，是国家职业技能鉴定推荐辅导用书，也是初级装饰镶贴工（抹灰工）职业技能鉴定国家题库命题的直接依据。

　　本书在编写过程中得到山东城市建设职业学院等单位的大力支持与协助，在此一并表示衷心的感谢。

人力资源和社会保障部教材办公室

目 录

CONTENTS　　国家职业资格培训教程

第1章

建筑识图

第1节　建筑识图基本知识

 学习目标

➤ 掌握投影的基本知识。

➤ 熟悉点、直线、平面投影的特性。

 知识要求

一、投影的基本知识

1．投影的概念

根据投影法所得到的图形称为投影。其中，投射线通过物体，向选定的面投射，并在该面上得到图形的方法称为投影法。

投影法是从自然现象中抽象出来的，用来使空间形体产生平面图形，并通过投影图分析空间形体，在预设平面上表示空间图形的方法。投影法分为中心投影法和平行投影法。

（1）中心投影法

中心投影法是投影射线汇交于一点的投影法。其模型由投影面 P 和投影中心 S 组成，SA 为投影线，投影线 SA 与平面 P 的交点 a 即为空间点 A 的中心投影，中心投影不能反映空间物体的真实形状，比实形大。

（2）平行投影法

平行投影法是投影线都互相平行的投影法，所得投影为平行投影。平行投影法分为正投影法和斜投影法。

1）正投影法（直角投影法）是平行投射线与投影面垂直的投影法。

2）斜投影法的投影方向倾斜于投影面，所得的投影为斜投影。

建筑图样中一般都采用正投影，反映空间形体的真实形状（见图1—1）。

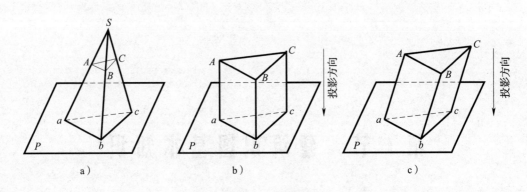

图1—1　投影法

a）中心投影法　b）正投影法　c）斜投影法

2. 三面投影图

三面投影图是指将物体从三个不同方向向投影面投影得到的投影图。一般将形体置于三个投影面体系中，由上向下投射，在 H（水平）面上得到的正投影图称为水平投影图；由前向后投射，在 V（前立垂直）面上得到的正投影图称为正立投影图；从左向右投射，在 W（侧垂直）面上得到的正投影图称为侧立投影图。

3. 正投影的基本性质

（1）不变性

1）空间点有唯一投影，点的一个投影不能确定点的空间位置。

2）直线的投影一般情况下仍为直线，点在直线上，点的投影必在直线的投影上。

3）与投影面平行的直线的投影反映直线的实长，与投影面平行的平面的投影反映平面的实形。

4）空间平行的两线段，其投影仍然平行。

（2）等比性

1）直线上点分割线段之比等于其投影长度之比。

2）两平行线段之比等于其投影长度之比。

（3）积聚性

1）直线垂直于投影面，其投影积聚为一点。

2）平面垂直于投影面，其投影积聚为一直线。

（4）相似性

1）直线倾斜于投影面，直线长度缩短，仍为直线。

2）平面倾斜于投影面，投影是类似形，面积缩小。

二、点、线、面的投影

1. 点的投影

点是最基本的几何元素，由正投影的特性可知，由于点的一个投影不能确定点的空间位置，因此常把几何形体放在两个或更多个互相垂直的投影面之间，向它们做投影形成多面投影。点在任何投影面上的投影仍然是点。点的三面投影特性如下：点的投影连线垂直于投影轴。点的投影到投影轴的距离等于点的坐标，等于点到相邻投影面的距离。

2. 直线的投影

直线的投影具有显实性、积聚性、收缩性、平行性及定比性。

3. 平面的投影

平面的投影具有相仿性、积聚性和实形性。

第 2 节　房屋施工图识图

 学习单元 1　施工图概述

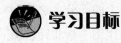 **学习目标**

➤ 了解识读房屋施工图的目的和编排顺序。

➤ 掌握房屋施工图中建筑施工图的相关内容。

 **知识要求**

一、识读房屋施工图的目的

对新建工程建立整体概念，熟悉施工图中的主要尺寸及相互关系，检查施工图有无错误，各图之间有无矛盾，是否有漏项等。

二、房屋施工图的分类

一套完整的房屋施工图包括建筑施工图、结构施工图和设备施工图。

1. 建筑施工图

建筑施工图简称"建施"，用符号"J"表示。建筑施工图表示建筑的位置和周围环境的总体布置、建筑物的外形、内部布置、细部构造、装饰做法和施工要求的情况。建筑施工图是房屋施工和预算的主要依据，一般包括图样目录、设计总说明、总平面图、建筑设计说明、建筑平面图、建筑立面图、建筑剖面图、建筑详图等。能看懂建筑施工图，掌握其内容和要求，是做好施工的前提条件。

（1）总平面图

建筑总平面图（总平面布置图）是将拟建工程四周一定范围内的新建、拟建、原有和拆除的建筑物、构筑物连同其周围的地形地貌（道路、绿化、土坡、池塘等），用水平投影方法和相应的图例所画出的图样。它可以反映出上述建筑的形状、位置、朝向及与周围环境的关系，它是新建建筑物施工定位、土方设计、施工总平面图设计的重要依据。建筑总平面图中，用细实线表示各规划建筑外廓或已建建筑外廓、道路，粗实线表示拟建建筑，标注与临近建筑间距尺寸、±0.000 相对标高、室外绝对标高、注明本楼编号及层数。总平面占地面积大的，可绘相关的局部。

（2）建筑平面图

建筑平面图表示建筑物的平面形状、水平面上各部分的位置和组合关系、门窗位置、墙和柱的布置及其他建筑物配件的位置和大小等。用一个水平切面沿房屋窗台以上位置通过门窗洞口处假想地将房屋切开，移开剖切平面以上的部分，绘出剩余部分的剖面图，称为水平剖面图。建筑平面图反映图名标准、比例、指北针、图样。平面图的图名应标写在图样的下方，绘图时应根据需要选定使用的比例，底层平面图应标指北针，图示内容应详尽。

建筑平面图中应标明：承重墙、柱的尺寸及定位轴线，房间的布局及其名称，室内外不同地面的标高，门窗图例及编号，图的名称和比例等。最后还应详尽地标出该建筑物各部分长和宽的尺寸。

有关规定及习惯画法如下：

1）比例。常用比例有 1:50、1:100、1:200；必要时也可用 1:150、1:300。

2）图线。剖切的主要建筑构造（如墙）的轮廓线用粗实线，其他图线均可用细实线。

3）定位轴线与编号。承重的柱或墙体均应画出其轴线，称为定位轴线。轴线一般从柱或墙宽的中心引出。定位轴线采用细单点长画线表示。

4）门窗图例及编号。建筑平面图均以图例表示，并在图例旁注上相应的代号及编号。门的代号为"M"，窗的代号为"C"。同一类型的门或窗，编号应相同，如 M－1、M－2、C－1、C－2 等。最后再将所有的门、窗列成门窗表，门窗表的内容有门窗规格、材料、代号、统计数量等。

5）尺寸的标注与标高。建筑平面图中一般应在图形的四周沿横向、竖向分别标注互相平行的三道尺寸。

①第一道尺寸。即门窗定位尺寸及门窗洞口尺寸，是与建筑物外形距离较近的一道尺寸，以定位轴线为基准标注出墙垛的分段尺寸。

②第二道尺寸。即轴线尺寸，标注轴线之间的距离（开间或进深尺寸）。

③第三道尺寸。即外包尺寸，是总长度和总宽度。

除三道尺寸外，还有台阶、花池、散水等尺寸，房间的净长和净宽、地面标高、内墙上门窗洞口的大小及其定位尺寸等。

6）文字与索引。图样中无法用图形详细表达时，可在该处用文字说明或画详图来表示。

（3）建筑立面图

把房屋的立面用水平投影方法画出的图形称为建筑立面图。有定位轴线的建筑物，其立面图应根据定位轴线编排立面图名称。建筑立面图用来表示房屋外形外貌。在建筑立面图中应表示出建筑立面各部分的外形、雨水落水管、外门窗（含门窗分格分扇）、阳台、台阶、踏步、坡道、雨篷、墙面外装修分格及高出女儿墙或檐口以上的管道、楼梯间等，室外地坪线、标注分层高度尺寸、室内外高差、各层标高等。

立面图应绘全四个立面，对平面完全对称的，也可采用半正半背立面方式绘制，正中加绘对称线图例。立面应分别表示出外墙面装饰用材及品种、色彩，墙面分格应表示出分格尺寸数值。

有关规定及习惯画法如下：

1）比例。常用 1:100、1:200、1:500。

2）图线。建筑立面图要求有整体效果，富有立体感，图线要求有层次。一般表现为：外包轮廓线用粗实线，主要轮廓线用中粗线，细部图形轮廓线用细实线，房屋下方的室外地面线用粗实线。

3）标高。建筑立面图的标高是相对标高。应在室外地面、入口处地面、勒脚、窗台、门窗洞顶、檐口等位置标注标高。标高符号应大小一致、排列整齐、数字清晰。

4）建筑材料与做法。图形上除用材料图例表示外，还可以采用文字进行较详细的说明或索引通用图的做法。

5）尺寸标注。主要标注高度尺寸，一般标注三道。

①第一道尺寸。即接近图形的一道尺寸，以层高为基准标注窗台、窗洞顶（或门）及门窗洞口的高度尺寸。

②第二道尺寸。即标注两楼层间的高度尺寸（即层高）。

③第三道尺寸。即标注总高度尺寸。

（4）建筑剖面图

建筑剖面图表示建筑物内部垂直方向的高度、楼层分层、垂直空间的利用及简要的结构形式和构造方式等情况。用剖切平面在建筑平面图的横向或纵向沿房屋的主要入口、窗洞口、楼梯等位置上将房屋假想垂直地剖开，然后移去不需要的部分，将剩余的部分按某一水平方向进行投影绘制成的图样称为建筑剖面图。

建筑剖面图应详细表示出剖切处和剖切方向所看到的建筑构件和固定设施、承重构件和分隔构件。楼梯间、阳台、凸窗、厨卫间等可做局部全高剖面。设地下室的建筑应剖切至基础下，无地下室的建筑可剖切至室外地坪。

有关规定及习惯画法如下：

1）比例。常用 1:100、1:200、1:500。

2）建筑底层平面图中，需要剖切的位置上应标注出剖切符号及编号，绘出的剖面图下方写上相应的剖面编号名称及比例。建筑剖面图主要用来表达房屋内部空间的高度关系。一般采用较大的比例绘制成建筑详图。如建筑规模不大、构造不复杂，建筑剖面图也可用较小的比例（如 >1:50），绘出较详细的构造关系图样。这样的图样称为构造剖面图。

3）标高。凡是剖面图上不同的高度（如各层楼面、顶棚、层面、楼梯休息平台、地下室地面等）都应标注相对标高。在构造剖面图中，一些主要构件还必须标注其结构标高。

4）尺寸标注。主要标注高度尺寸，分为内部尺寸与外部尺寸。外部高度尺寸一般注三道。

①第一道尺寸。即接近图形的一道尺寸，以层高为基准标注窗台、窗洞顶（或门）及门窗洞口的高度尺寸。

②第二道尺寸。标注两楼层间的高度尺寸（即层高）。

③第三道尺寸。标注总高度尺寸。

（5）建筑详图

建筑详图是将房屋构造的局部用较大的比例画出的大样图。详图常用的比例有1:5、1:10、1:20、1:50。详图的内容有构造做法、尺寸、构配件的相互位置及建筑材料等。它是补充建筑平面图、立面图、剖面图的辅助图样，是建筑施工中的重要依据之一。为了表明详图绘制的部分所在平立面的图号和位置，常用索引符号及详图符号将其联系起来。详图分为平面放大详图和局部剖面放大详图。各层楼梯间、厨房、卫生间、阳台、凸窗等部分应绘制平面放大详图，局部构造可仅绘剖面放大详图。

楼梯间详图应详绘楼梯间各部分构造，包括踏步级数、踏步形式、栏杆扶手形式、各类管道井、电气控制箱、消火栓箱、信报箱等，并标注相关尺寸、高度、洞口尺寸，各类门的规格型号。采用标准图册的，应索引构造图号。

厨房间应绘出案台、洗涤池、拖布池、炉灶、排油烟机、排烟道、吊柜等设施位置、相关尺寸。厨房间布局除应考虑人体工学各项要求外，还应顾及操作流程顺序。厨房布局应预留给排水立管安设位置和燃气表安设位置，厨房间地面应低于室内地坪 20 mm 并做防水层。厨房间门下部应设通风百叶或门底留不小于 30 mm 的间隙以利通风。厨房间案台、吊柜、拖布池、洗池可利用标准图构造，也可由业主自选。

卫生间布局在面积条件许可的前提下，应尽可能将洗面盆和坐便器、洗浴分隔成两个空间。洗面盆可和洗衣机设置在同一空间。卫生间应绘出各类洁具、通气道、淋浴头或浴缸、地漏、照面镜、镜灯、取暖器等相关设施的准确位置，标注相关间距尺寸。各类设施布置应符合人体工程学相关要求，充分顾及给排水管线走向及主立管安设位置。卫生间地面高度及防水、设门等各项要求同厨房间。厨房、卫生间所设各类洁具应提出规格型号、档次、色彩要求。

卫生间无论有没有外窗，均应设置机械通风装置。电加热型热水器最好在洗浴间外安设，燃气热水器则严禁安设于卫生间内，且应采用强排型以保安全。

卫生间布局应尽可能考虑预留太阳能管道安装位置。

阳台详图应标注相关细部尺寸，标注标高。绘出阳台隔板构造或引用标准图册构造图。阳台应绘出阳台排水方式，阳台排水应优先选用立管型有组织排水方式（可引用标准图）。

空调室外机安设位置，应于设计时一并考虑，避免自行设置影响景观，立面设计时应统一设置主机搁板，也可安设于阳台内侧面（有标准图可选用）。

阳台应标明最大允许承载质量。阳台如放置洗衣机应增设专用给排水管线，此时可将阳台排水与洗衣机排水合并设置，但不得纳入雨水排水系统内。

局部详图除应注明相关细部尺寸外，还应注明各层次构造、用料、做法，或引用标准图集相关构造节点，遇有图集构造与本设计不同处应加注说明。

节点或局部详图，在图面位置许可情况下，应尽可能绘于索引的同层平面图或剖面图上，以利对照。

2. 结构施工图

结构施工图简称"结施"，用符号"G"表示。结构施工图是表示建筑物的结构类型、各承重构件的布局情况、类型尺寸、构造做法等施工要求的图样。结构施工图一般包括结构设计说明、基础平面图及基础详图、楼层结构平面图、屋面结构平面图、结构构件详图等。结构施工图是影响房屋使用寿命、质量的重要图样，施工时要格外仔细。

3. 设备施工图

设备施工图是表示房屋所安装设备的布置情况的图样，包括：给水排水施工图，简称"水施"，用符号"S"表示；采暖通风施工图，简称"暖施"，用符号"N"表示；电气施工图，用符号"D"表示。设备施工图表示建筑物内电气、给排水、采暖通风管道的位置、走向和做法。一般包括表示管线的水平方向布置情况的平面布置图，表示管线竖向布置情况的系统轴测图，表示安装情况的安装详图等。其中电气设备施工图表示新建建筑物电气设备线路的位置、走向和做法。

三、施工图的编排顺序

一套完整图样的编制顺序应为：图样目录、设计总说明、建筑施工图、结构施工图、设备施工图（给水排水施工图、采暖通风施工图、电气施工图）。各专业施工图的编制顺序为全局性的图样在前面，局部性的图样在后面。先施工的图样在前面，后施工的图样在后面。

 学习单元2 施工图的识读

 学习目标

➤ 熟悉建筑制图基础知识。

➤ 掌握房屋施工图的识读方法。

➤ 了解房屋施工图纸符号的图例。

 知识要求

一、建筑制图基础知识

1. 建筑制图国家标准

制图是指掌握绘图工具、仪器的使用方法，根据制图标准完整表达工程图样。标准的制订，一般都是由国家指定专门机关负责组织进行的，所以称为"国家标准"，代号 GB。为了区别不同技术标准，还要在后面加若干字母和数字等。就世界范围来讲，早在 20 世纪 40 年代就成立了"国际标准化组织"（代号是 ISO），它也制订了若干国际标准。

有关建筑制图方面的标准共有六分册，即《房屋建筑制图统一标准》（GB/T 50001—2010）、《总图制图标准》（GB/T 50103—2010）、《建筑制图标准》（GB/T 50104—2010）、《建筑结构制图标准》（GB/T 50105—2010）、《建筑给水排水制图标准》（GB/T 50106—2010）和《暖通空调制图标准》（GB/T 50114—2010）。制图标准并不是一成不变的，随着科学技术的发展，标准也要发展。为了和国际接轨，我国制图标准的修订逐步向国际标准靠拢。

2. 图纸幅面、标题栏、会签栏

（1）图纸幅面

图纸幅面指图纸尺寸规格的大小。图框是指在图纸上绘图范围的界线。A0、A1、A2、A3、A4 幅面及图框尺寸如表1—1、图1—2 至图1—4 所示。

表 1—1 　　　　　　　　　　　　幅面及图框尺寸　　　　　　　　　　　　mm

幅面代号 尺寸代号	A0	A1	A2	A3	A4
$b \times l$	841×1 189	594×841	420×594	297×420	210×297
c	10			5	
a	25				

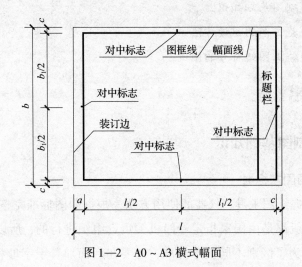

图 1—2　A0～A3 横式幅面

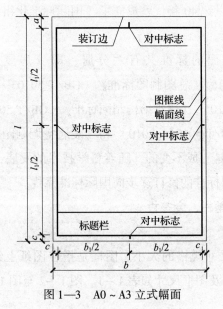

图 1—3　A0～A3 立式幅面

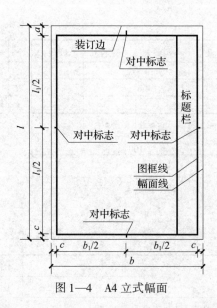

图 1—4　A4 立式幅面

（2）标题栏和会签栏

图纸的标题栏能将工程名称、图名、图号、设计单位等相关信息集中列表放在图纸的右下角。会签栏是将设计单位相关专业的负责人审核签字及日期等信息集中列表放在图纸的左侧上方或右侧上方。图纸标题栏和会签栏的尺寸、格式如图 1—5 至图 1—7 所示。

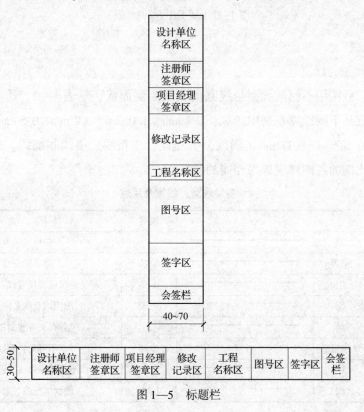

图 1—5　标题栏

图1—6　会签栏

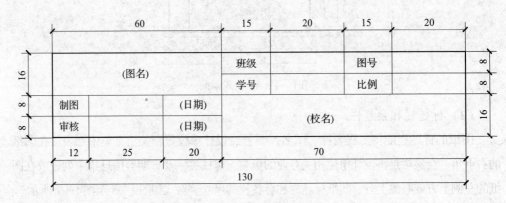

图1—7　制图作业的标题栏

3．图线

（1）线型与线宽

建筑工程图用不同的线型与线宽的图线绘制而成，见表1—2。所有线型的图线的宽度宜从下列线宽系列中选取：1.4 mm、1.0 mm、0.7 mm、0.5 mm、0.35 mm、0.25 mm、0.18 mm、0.13 mm。图线分为粗线、中粗线、中线和细线。同一张图纸内，相同比例的各图样应选用相同的线宽组。

表1—2　　　　　　　　　各种线型、线宽及用途

名称		线　　型	线宽	用　　途
实线	粗		b	主要可见轮廓线
	中粗		$0.7b$	可见轮廓线
	中		$0.5b$	可见轮廓线、尺寸线、变更云线
	细		$0.25b$	图例填充线、家具线
虚线	粗		b	见各有关专业制图标准
	中粗		$0.7b$	不可见轮廓线
	中		$0.5b$	不可见轮廓线、图例线
	细		$0.25b$	图例填充线、家具线

续表

名称		线　　型	线宽	用　　途
单点长画线	粗		b	见各有关专业制图标准
	中		$0.5b$	见各有关专业制图标准
	细		$0.25b$	中心线、对称线、轴线等
双点长画线	粗		b	见各有关专业制图标准
	中		$0.5b$	见各有关专业制图标准
	细		$0.25b$	假想轮廓线、成型前原始轮廓线
折断线	细		$0.25b$	断开界线
波浪线	细		$0.25b$	断开界线

（2）图线画法

1）相互平行的图线，其间隙不宜小于0.2 mm。

2）虚线、单点长画线或双点长画线的线段长度和间隔，宜各自相等。

3）单点长画线或双点长画线，当在较小图形中绘制有困难时，可用实线代替。

4）单点长画线或双点长画线的两端，不应是点。点画线与点画线交接点或点画线与其他图线交接时，应是线段交接。

5）虚线与虚线交接或虚线与其他图线交接时，应是线段交接。虚线为实线的延长线时，不得与实线连接。

6）图线不得与文字、数字或符号重叠、混淆，不可避免时，应首先保证文字等的清晰。

4．字体

图样上所需书写的文字、数字或符号等，均应笔画清晰、字体端正、排列整齐，标点符号应清楚正确。文字的字高，应从如下系列中选用：3.5 mm、5 mm、7 mm、10 mm、14 mm、20 mm。如需书写更大的字，其高度应按$\sqrt{2}$的倍数递增。

书写长仿宋体的要领是：横平竖直、起落有锋、填满方格、结构匀称。

5．比例

（1）图样的比例，应为图形与实物相对应的线性尺寸之比。

（2）比例的符号为"："，比例应以阿拉伯数字表示，如1:1、1:2、1:100等。

（3）比例宜注写在图名的右侧，字的基准线应取平；比例的字高宜比图名的字高小一号或二号。

（4）一般情况下，一个图样应选用一种比例。根据专业制图需要，同一图样可选用两种比例，见表1—3。

表1—3　　　　　　　　　　　　绘图所用的比例

常用比例	1∶1、1∶2、1∶5、1∶10、1∶20、1∶50、1∶100、1∶150、1∶200、1∶500、1∶1 000、1∶2 000
可用比例	1∶3、1∶4、1∶6、1∶15、1∶25、1∶30、1∶40、1∶60、1∶80、1∶250、1∶300、1∶400、1∶600、1∶5 000、1∶10 000、1∶20 000、1∶50 000、1∶100 000、1∶200 000

6．尺寸标注

（1）尺寸的组成

图样上的尺寸，包括尺寸界线、尺寸线、尺寸起止符号和尺寸数字（见图1—8）。

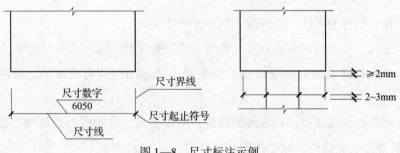

图1—8　尺寸标注示例

（2）基本规定

1）尺寸界线应用细实线绘制，一般应与被注长度垂直，其一端应离开图样轮廓线不小于2 mm，另一端宜超出尺寸线2~3 mm。图样轮廓线可用作尺寸界线，如图1—8所示。

2）尺寸起止符号用中粗斜短线绘制，其倾斜方向应与尺寸界线成顺时针45°角，长度宜为2~3 mm。半径、直径、角度与弧长的尺寸起止符号，宜用箭头表示（见图1—9）。

3）尺寸数字的方向，应按图1—10的规定注写。当尺寸线为竖直时，尺寸数字注写在尺寸线的左侧，字头朝左；其他任何方向，尺寸数字也应保持向上，且注写在尺寸线的上方。

4）图样上的尺寸，应以尺寸数字为准，不得从图上直接量取。图样上的尺寸单位，除标高及总平面以米为单位外，其他必须以毫米为单位。尺寸数字一般应依据其方向注写在靠近尺寸线的上方中部。如没有足够的注写位置，最外

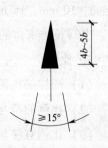

图1—9　箭头尺寸起止符号

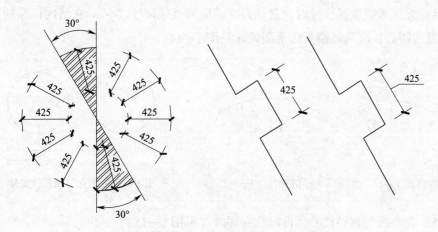

图 1—10 尺寸数字的注写方向

边的尺寸数字可注写在尺寸界线的外侧,中间相邻的尺寸数字可错开注写,引出线端用圆点表示标注尺寸的位置(见图1—11)。

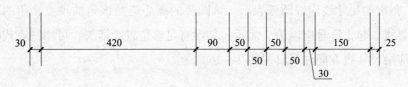

图 1—11 尺寸数字的注写位置

(3) 尺寸的排列与布置

尺寸宜标注在图样轮廓以外,不宜与图线、文字及符号等相交。图样轮廓线以外的尺寸界线,距图样最外轮廓之间的距离,不宜小于 10 mm。平行排列的尺寸线的间距,宜为 7~10 mm,并应保持一致。

(4) 半径、直径、球的尺寸标注

1) 半径的尺寸线应一端从圆心开始,另一端画箭头指向圆弧。半径数字前应加注半径符号"R"。

2) 较小圆弧的半径,可按图1—12形式标注。

3) 较大圆弧的半径,可按图1—13形式标注。

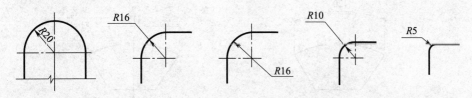

图 1—12 半径、直径、球的尺寸标注方法

4）标注圆的直径尺寸时，直径数字前应加直径符号"φ"。在圆内标注的尺寸线应通过圆心，两端画箭头指至圆弧（见图1—14）。

图1—13　大圆弧半径的标注方法　　　　图1—14　圆直径的标注方法

5）较小圆的直径尺寸，可标注在圆外（见图1—15）。

6）标注球的半径尺寸时，应在尺寸前加注符号"SR"。标注球的直径尺寸时，应在尺寸数字前加注符号"Sφ"。注写方法与圆弧半径和圆弧直径的尺寸标注方法相同。

（5）角度、弧度、弧长的标注

1）角度的尺寸线应以圆弧表示。该圆弧的圆心应是该角的顶点，角的两条边为尺寸界线。起止符号应以箭头表示，如没有足够位置画箭头，可用圆点代替，角度数字应沿尺寸线方向注写（见图1—16）。

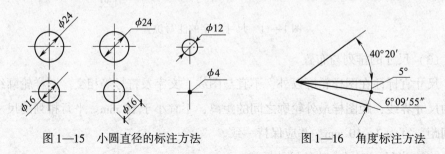

图1—15　小圆直径的标注方法　　　　图1—16　角度标注方法

2）标注圆弧的弧长时，尺寸线应以与该圆弧同心的圆弧线表示，尺寸界线应指向圆心，起止符号用箭头表示，弧长数字上方应加注圆弧符号"⌒"（见图1—17）。

3）标注圆弧的弦长时，尺寸线应以平行于该弦的直线表示，尺寸界线应垂直于该弦，起止符号用中粗斜短线表示（见图1—18）。

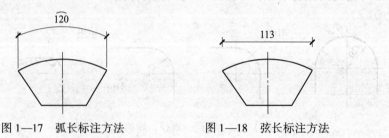

图1—17　弧长标注方法　　　　图1—18　弦长标注方法

（6）其他的尺寸标注

1）在薄板板面标注板厚尺寸时，应在厚度数字前加厚度符号"t"（见图1—19）。

2）标注正方形的尺寸，可用"边长×边长"的形式，也可在边长数字前加正方形符号"□"（见图1—20）。

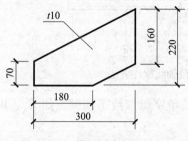 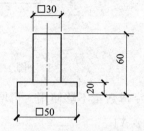

图 1—19　薄板厚度标注方法　　　　图 1—20　标注正方形尺寸

3）标注坡度时，应加注坡度符号"←"，该符号为单面箭头，箭头应指向下坡方向。坡度也可用直角三角形形式标注（见图1—21）。

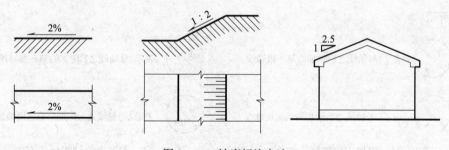

图 1—21　坡度标注方法

7. 定位轴线

定位轴线是用来确定房屋主要结构或构件的位置及其尺寸的基线，同时是施工放线的依据。用于平面时，称为平面定位轴线（即定位轴线）。用于竖向时，称为竖向定位轴线。定位轴线之间的距离应符合模数数列的规定。

定位轴线应用细单点长画线绘制。定位轴线应编号，编号应注写在轴线端部的圆内。圆应用细实线绘制，直径为 8～10 mm。定位轴线圆的圆心，应在定位轴线的延长线上或延长线的折线上。

（1）平面定位轴线

平面定位轴线的编号原则：横向应用阿拉伯数字，从左向右顺序编写。竖向应用大写拉丁字母，从下至上顺序编写，如图1—22所示。其中 I、O、Z 不得使用，避免同 1、0、2 混淆。

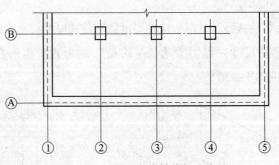

图1—22　平面定位轴线标注方法

如字母数量不够使用，可增用双字母或单字母加数字注脚，如 A_A、B_A…Y_A 或 A1、B1…Y1。

附加定位轴线的编号，应以分数形式表示，并应按下列规定编写：

1）两根轴线间的附加轴线，应以分母表示前一轴线的编号，分子表示附加轴线的编号。编号宜用阿拉伯数字顺序编写，如图1—23所示。

2）1号轴线或 A 号轴线之前的附加轴线的分母应以 01 或 0A 表示，如图1—24所示。

图1—23　附加定位轴线标注方法　　　图1—24　附加定位轴线标注方法

（2）平面定位轴线的标注

1）混合结构建筑。承重外墙：顶层墙身内缘与定位轴线的距离为120 mm。承重内墙：顶层墙身中心线与定位轴线相重合。楼梯间的定位轴线有三种标注方法，如图1—25所示。

①楼梯间墙内缘与定位轴线的距离为120 mm。

②楼梯间墙外缘与定位轴线的距离为120 mm。

③楼梯间墙的中心线与定位轴线相重合。

2）框架结构建筑

①中柱。定位轴线一般与顶层柱截面中心线相重合，如图1—26a所示。

②边柱。定位轴线一般与顶层柱截面中心线相重合或距柱外缘250 mm处，如图1—26b所示。

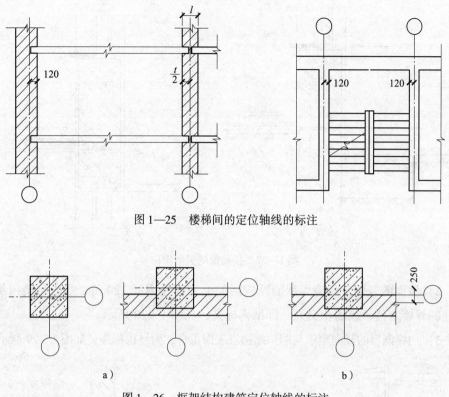

图 1—25　楼梯间的定位轴线的标注

图 1—26　框架结构建筑定位轴线的标注

a）中柱　b）边柱

（3）非承重墙

非承重外墙：顶层墙身内缘与定位轴线相重合。非承重内墙：顶层墙身中心线与定位轴线相重合。

8.　标高

（1）标高的种类及关系

标高分为相对标高和绝对标高。其中相对标高表示建筑物各部分的高度。相对标高是把首层室内地坪面定为相对标高的零点，用于建筑物施工图的标高标注。绝对标高把黄海平均海平面定为绝对标高的零点，其他各地标高以此为基准。任何一地点相对于黄海的平均海平面的高差，就称其为绝对标高。这个标准仅适用于中国境内。

另外，标高还分为建筑标高和结构标高。其中建筑标高表示楼地层装修面层的标高。而结构标高表示楼地层结构表面的标高。

（2）建筑构件的竖向定位

1）楼地面的竖向定位应与楼地面的上表面重合，即建筑标高，如图 1—27 所示。

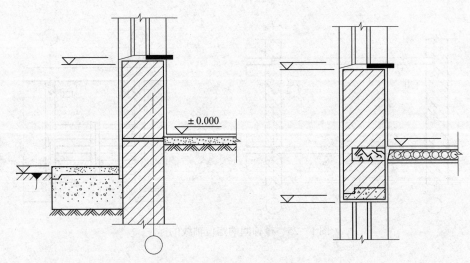

图1—27　楼地面的竖向定位

2）屋面的竖向定位应为屋面结构层的上表面与内缘120 mm处或与墙内缘重合处的外墙定位轴线的相交处，即结构标高，如图1—28所示。

3）门窗洞口的竖向定位与洞口结构层表面重合，为结构标高，如图1—29所示。

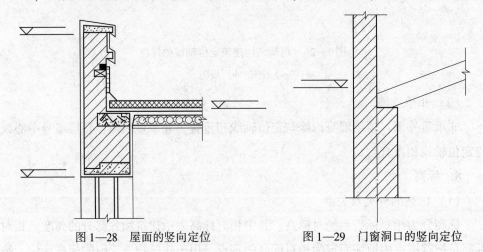

图1—28　屋面的竖向定位　　　　图1—29　门窗洞口的竖向定位

9.　符号

（1）剖切符号

1）剖切符号是表示图样中剖视位置的符号。剖切符号分为用于剖视和用于断面的两种。剖视的剖切符号应符合下列规定。

①剖视的剖切符号应由剖切位置线和剖视方向线组成，并应以粗实线绘制。剖切位置线的长度宜为6～10 mm。剖视方向线应垂直于剖切位置线，长度应短于剖切位置线，宜为4～6 mm。绘制时，剖视的剖切符号不应与其他图线相接触，如图

1—30 所示。

②剖视剖切符号的编号宜采用阿拉伯数字，按剖切顺序由左至右、由下至上连续编排，并应注写在剖视方向线的端部。

③需要转折的剖切位置线，应在转角的外侧加注与该符号相同的编号。

④建筑装饰装修图的剖面符号应标注在要表示的图样上（见图1—31）。

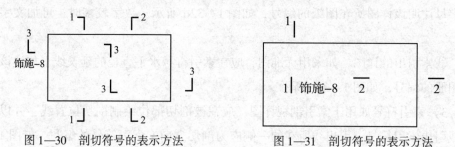

图1—30 剖切符号的表示方法   图1—31 剖切符号的表示方法

2）断面的剖切符号应符合下列规定：断面的剖切符号应只用剖切位置线表示，并应以粗实线绘制，长度宜为 6 ~ 10 mm。断面剖切符号的编号宜采用阿拉伯数字，按顺序连续编排，并应注写在剖切位置线的一侧。编号所在的一侧应为该断面的剖视方向。

3）剖面图或断面图，如与被剖切图样不在同一张图内，可在剖切位置线的另一侧注明其所在图纸的编号，也可以在图上集中说明。

（2）索引符号与详图符号

1）索引符号是指图样中用于引出需要清楚绘制细部图形的符号，以方便绘图及图纸查找，提高制图效率。

2）建筑装饰装修制图中的索引符号可表示图样中某一局部或构件，如图1—32a 所示，也可表示某一平面中立面的所在位置，如图1—32b 所示，索引符号是由直径为 10 mm 的圆和水平直径组成，圆及水平直径均应以细实线绘制。室内立面索引符号根据图面比例圆圈直径可选择 8 ~ 12 mm。索引符号应按规定编写。

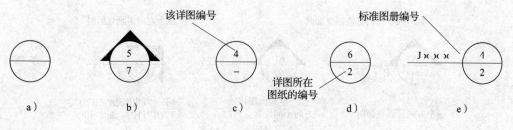

图1—32 索引符号

①索引出的详图，如与被索引的详图同在一张图纸内，应在索引符号的上半圆中用阿拉伯数字或字母注明该详图的编号，并在下半圆中间画一段水平细实线，如图1—32c所示。

②索引出的详图，如与被索引的详图不在同一张图纸内，应在索引符号的上半圆中用阿拉伯数字或字母注明该详图的编号，在索引符号的下半圆中用阿拉伯数字或字母注明该详图所在图纸的编号，如图1—32d所示。数字较多时，可加文字标注。

③索引出的详图，如采用标准图，应在索引符号水平直径的延长线上加注该标准图册的编号，如图1—32e所示。

3）索引符号如用于索引剖视详图，应在被剖切部位绘制剖切位置线，并以引出线引出索引符号，引出线所在的一侧应为剖切方向。索引符号的编写，如图1—33所示。

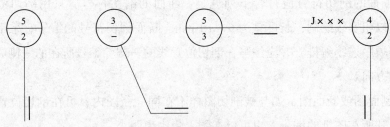

图1—33　用于索引剖视详图的索引符号

4）索引符号如用于索引立面图，立面图投视方向应用三角形所指方向表示。三角形方向随立面投视方向而变，索引符号编写同图1—34的规定，但圆中水平直线、数字及字母不变方向。

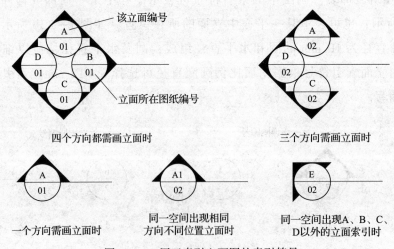

图1—34　用于索引立面图的索引符号

①在平面图中，进行平面及立面索引符号标注，应注明房间名称并在标注上表示出代表立面投影的 A、B、C、D 等各方向，其索引点的位置应为立面图的视点位置；A、B、C、D 等各方向应按顺时针方向排列，当出现同方向、不同视点的立面索引时，应以 A1、B1、C1、D1 等表示以示区别，以此类推（见图 1—34）。

②平面图中 A、B、C、D 等方向所对应的立面，一般按直接正投影法绘制。

③在平面上表示立面索引符号示例（见图 1—35 和图 1—36）。

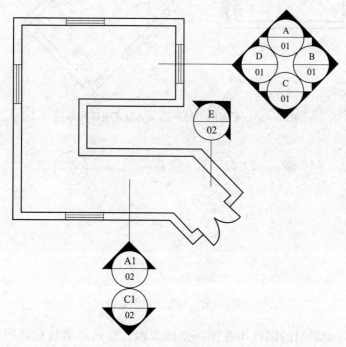

图 1—35　平面图中的平面及立面索引符号标注

5）索引符号如用于图样中某一局部大样图索引，应以引出圈将需被放样的大样图范围完整圈出，并以引出线引出索引符号。范围较小的引出圈以圆形细虚线绘制，范围较大的引出圈以有弧角的矩形细虚线绘制，如图 1—37 所示。

6）详图的位置和编号，应以详图符号表示。详图符号的圆应以直径为 14 mm 粗实线绘制。详图应按下列规定编号。

①详图与被索引的图样同在一张图纸内时，应在详图符号内用阿拉伯数字或字母注明详图的编号（见图 1—38）。

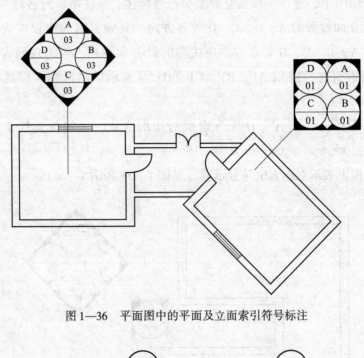

图1—36　平面图中的平面及立面索引符号标注

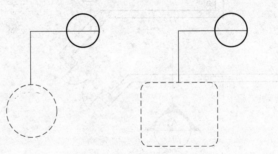

图1—37　局部大样图索引

②详图与被索引的图样不在同一张图纸内，应用细实线在详图符号内画一水平直径，在上半圆中注明详图编号，在下半圆中注明被索引的图纸的编号（见图1—39）。

图1—38　与被索引图样在同一张　　　　图1—39　与被索引图样不在同一张

　　图纸内的详图符号　　　　　　　　　　图纸内的详图符号

（3）引出线

1）引出线应以细实线绘制，宜采用水平方向的直线，与水平方向成30°、45°、60°、90°的直线，或经上述角度再折为水平线。文字说明宜注写在水平线的上方，如图 1—40a 所示，水平线的上方和下方如图 1—40b 所示，也可注写在水平线的端部，如图 1—40c 所示。多行文字的排列可取在起始或结束位置排起，索引详图的引出线，应与水平直径相连接或对准索引符号的圆心如图 1—40d 所示。

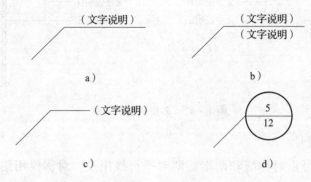

图 1—40　引出线

　　a）文字说明注写在水平线的上方　　b）文字说明注写在水平线的上方和下方

　　c）文字说明注写在水平线的端部　　d）牵引详图的引出线对准索引符号的圆心

2）同时引出几个相同内容的引出线，宜互相平行（见图 1—41），也可画成集中于一点的放射线。

图 1—41　共同引出线

3）多层构造或多层管道共用引出线，应通过被引出的各层。文字说明宜注写在水平线的上方，或注写在水平线的端部，说明的顺序应由上至下，并应与被说明的层次对应一致。如层次为横向排序，则由上至下的说明顺序应由左至右的层次相互一致（见图 1—42）。

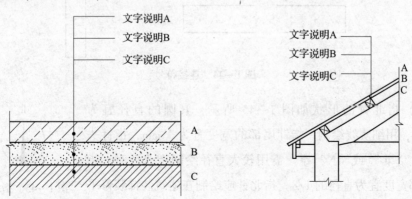

图1—42　多层构造引出线

（4）其他符号

1）对称符号由对称线和两端的两对平行线组成。对称线用细单点长画线绘制，平行线用细实线绘制，其长度宜为6～10 mm，每对的间距宜为2～3 mm。对称线垂直平分两对平行线，两端超出平行线宜为2～3 mm（见图1—43）。

图1—43　对称符号

2）连接符号应以折断线表示需连接的部位。两部位相距过远时，折断线两端靠图样一侧应注明大写拉丁字母表示连接编号。两个被连接的图样必须用相同的字母编号（见图1—44）。

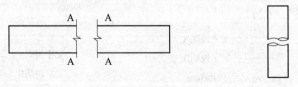

图1—44　连接符号

3）指北针的形状如图1—45所示，其圆的直径宜为24 mm，用细实线绘制。指针尾部的宽度宜为3 mm，指针头部应注"北"或"N"字。需用较大直径绘制指北针时，指针尾部宽度宜为直径的1/8。指北针应绘制在建筑装饰装修平

图1—45　指北针

面图上，并放在明显位置，所指的方向应与建筑平面图一致。

二、房屋施工图的识图方法

正确的看图方法是关键。看图的方法是：由外向里看，由大到小看，由粗到细看，先主体，后局部，图样与说明互相对着看，建施与结施对着看。

1. 阅读顺序

（1）读首页图

包括图样目录、设计总说明、门窗表、经济技术指标等。

（2）读总平面图

包括地形地势特点、周围环境、坐标、道路等情况。

（3）读建筑施工图

从标题栏开始，依次读平面形状及尺寸和内部组成，建筑物的内部构造形式、分层情况及各部位连接情况等，了解立面造型、装修、标高等，了解细部构造、大小、材料、尺寸等。

其中镶贴施工图识读按基层材料和底层材料做法、中层材料做法、面层材料做法、勾缝材料做法顺序进行。墙面镶贴识图的原则是根据剖面图从左往右或从右往左，即从墙由里向外识读。地面镶贴识图的原则是从下往上，即从楼板或地面结构向上识读。吊顶天花板镶贴识图的原则是从上往下，即从天花板结构向下识读。

（4）读结构施工图

从结构设计说明开始，包括结构设计的依据、材料标号及要求、施工要求、标准图选用等。

（5）读设备安装施工图

读设备安装施工图包括设备施工图、电气施工图、工艺管道施工图、给水排水施工图、暖通施工图、仪表施工图等。

2. 阅读施工图应注意的问题

（1）施工图是根据正投影原理绘制的，用图样表明房屋建筑的设计及构造做法。所以要看懂施工图，应掌握正投影原理和熟悉房屋建筑的基本构造。

（2）施工图采用了一些图例符号及必要的文字说明，共同把设计内容表现在图样上。因此要看懂施工图，还必须记住常用的图例符号。

（3）看图时要注意从粗到细，从大到小。先粗看一遍，了解工程的概貌，然后再仔细看。细看时应先看总说明和基本图样，然后再深入看构件图和详图。

（4）一套施工图是由各工种的许多张图样组成的，各图样之间是互相配合紧密联系的。图样的绘制大体是按照施工过程中不同的工种、工序分成一定的层次和部位进行的，因此要有联系、综合地看图。

（5）结合实际看图。根据实践、认识、再实践、再认识的规律，看图时联系生产实践，就能比较快地掌握图样的内容。

三、图样符号的图例

图样符号的图例包括室内装饰施工图图例符号、总平面图图例符号、结构图图例符号、卫生设备图图例符号、电气图图例符号、装饰图中材料图例符号等，部分图例符号见表1—4至表1—9。

表1—4　　　　　　　　　　　　室内装饰施工图图例符号

名称	图例	名称	图例	名称	图例
双人床	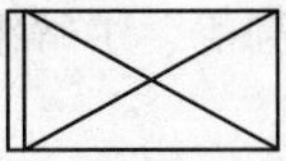	浴盆	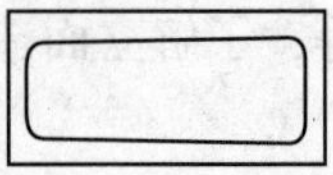	灶具	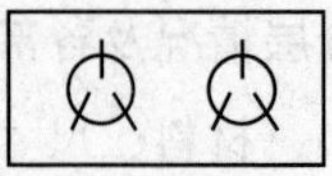
单人床	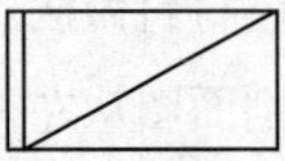	蹲便器		洗衣机	
沙发	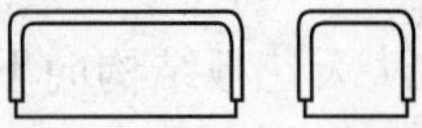	坐便器		空调器	 ACU
凳、椅		洗手盆	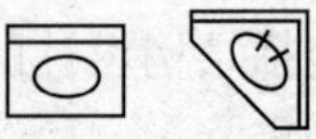	吊扇	
桌、茶几	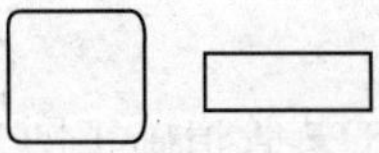	洗菜盆		电视机	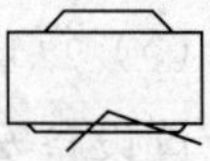
地毯		拖布池		台灯	
花卉、树木		沐浴器		吊灯	
衣橱	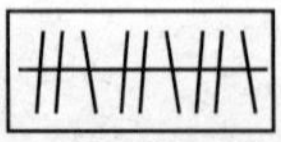	地漏	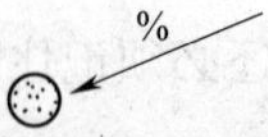 %	吸顶灯	
吊柜		帷幔	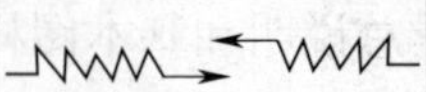	壁灯	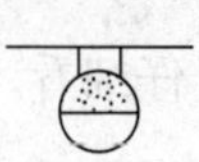

表 1—5   总平面图图例符号

名 称	图 例	备 注
新建 建筑物	$X=$ $Y=$ ① 12F/2D $H=$59.00m	新建建筑物以粗实线表示与室外地坪相接处 ±0.00 外墙定位轮廓线 　建筑物一般以 ±0.00 高度处的外墙定位轴线交叉点坐标定位。轴线用细实线表示，并标明轴线号 　根据不同设计阶段标注建筑编号，地上、地下层数，建筑高度，建筑出入口位置（两种表示方法均可，但同一图纸采用一种表示方法） 　地下建筑物以粗虚线表示其轮廓 　建筑上部（±0.00 以上）外挑建筑用细实线表示 　建筑物上部连廊用细虚线表示并标注位置
原有 建筑物		用细实线表示
计划扩建 的预留地 或建筑物		用中粗虚线表示
雨水口	1. 2. 3.	1. 雨水口 2. 原有雨水口 3. 双落式雨水口
消火栓井		—
急流槽		箭头表示水流方向
跌水		
新建的道路	0.30% 100.00 $R=6.00$ 107.50	"R=6.00" 表示道路转弯半径；"107.50" 为道路中心线交义点设计标高，两种表示方式均可，同一图纸采用一种方式表示；"100.00" 为变坡点之间距离，"0.30%" 表示道路坡度，→ 表示坡向

续表

名 称	图 例	备 注
原有道路		—
计划扩建的道路		—
拆除的道路		—
人行道		—

表1—6　　　　　　　　　　　　　　结构图图例符号

序号	名称	图例	说明
1	钢筋横断面	●	
2	无弯钩的钢筋端部		下图表示长、短钢筋投影重叠时，短钢筋的端部用45°斜画线表示
3	带半圆形弯钩的钢筋端部		
4	带直钩的钢筋端部		
5	带丝扣的钢筋端部		
6	无弯钩的钢筋搭接		
7	带半圆弯钩的钢筋搭接		
8	带直钩的钢筋搭接		
9	花篮螺栓钢筋接头		
10	机械连接的钢筋接头		用文字说明机械连接的方式

表1—7　　　　　　　　　　　　　　卫生设备图图例符号

序号	名称	图例	备注
1	立式洗脸盆		
2	台式洗脸盆	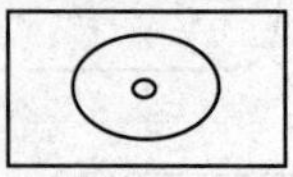	

续表

序号	名称	图例	备注
3	挂式洗脸盆		
4	浴盆		
5	化验盆、洗涤盆		
6	带沥水板洗涤盆		不锈钢制品
7	盥洗槽		
8	污水池		
9	妇女卫生盆		
10	立式小便器		
11	壁挂式小便器		
12	蹲式大便器		
13	坐式大便器		
14	小便槽		
15	淋浴喷头		

表 1—8　　　　　　　　　　　　电气图图例符号

单相插座	暗装 单相插座	密闭防水 单相插座	防爆 单相插座	带接地插孔 的单相插座	带接地插孔的 暗装单相插座
带接地插孔的 密闭三相插座	带接地插孔的 防爆三相插座	插座箱	多个插座	具有单极 开关的插座	具有隔离变 压器的插座
暗装单极开关	密闭单极开关	防爆单极开关	双极开关	暗装双极开关	密闭双极开关
防爆三极开关	单极拉线开关	单极双控 拉线开关	单极限时开关	双极开关 （单极三线）	具有指示 灯的开关
灯	花灯	投光灯	应急灯	聚光灯	泛光灯
调光器	顶棚灯座	墙上灯座	金属地面出线盒	控制和指示设备	报警启动装置
易爆气体	手动启动	电铃	扬声器	发生器	电话机
气体火灾探测器	火警电话机	报警发生器	警卫信号探测器	分线盒	明装走线槽
开关柜	电源配电箱	电力配电箱	照明配电箱	电源切换箱	事故照明配电箱

表1—9   装饰图中材料图例符号

序号	名称	图例	说明
1	自然土		包括各种自然土
2	夯实土		
3	砂灰土		靠近轮廓线绘较密的点
4	砂砾土、碎砂、三合土	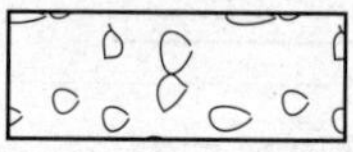	
5	天然石材	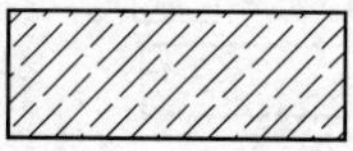	包括岩层、砌体、铺地、贴面等材料
6	毛石	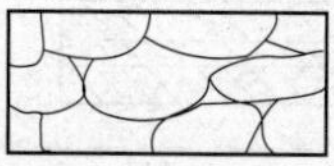	
7	普通砖	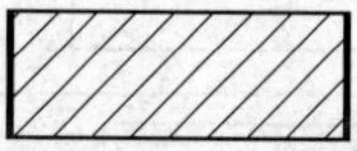	①包括砌体、砌块 ②断面较窄，不易画出图例线时，可涂红
8	耐火砖	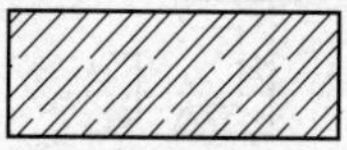	包括耐酸砖等
9	空心砖	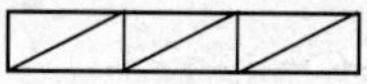	包括各种多孔砖
10	饰面砖	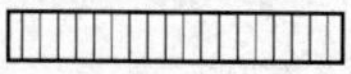	包括铺地砖、陶瓷地砖、陶瓷锦砖、人造大理石等
11	混凝土	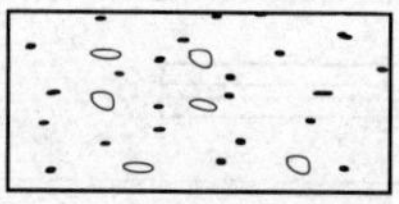	①本图例仅适用于能承重的混凝土及钢筋混凝土 ②包括各种强度等级骨料、添加剂的混凝土 ③在剖面图上画出钢筋时不画图例线 ④如断面较窄，不易画出图例线，可涂黑
12	钢筋混凝土	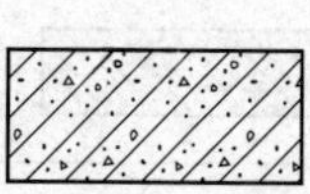	
13	焦渣、矿渣	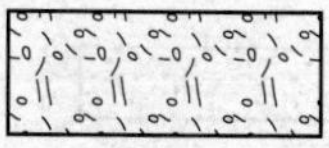	包括与水泥、石灰等混合而成的材料

序号	名称	图例	说明
14	多孔材料	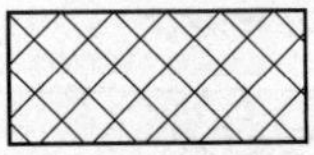	包括水泥珍珠岩、沥青珍珠岩、泡沫混凝土、非承重加气混凝土、泡沫塑料、软木等
15	纤维材料	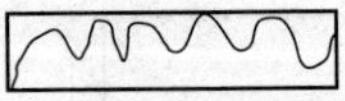	包括麻丝、玻璃棉、矿渣棉、木丝板、纤维板等
16	松散材料	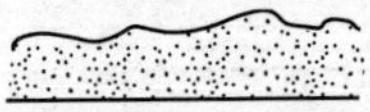	包括木屑、石灰屑、稻壳等
17	木材		①上图为横断面，上左图为垫木、木砖、木龙骨 ②下图为纵断面
18	胶合板	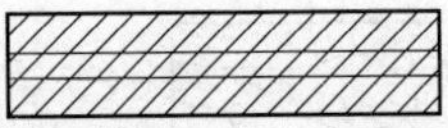	应注明几层胶合板
19	石膏板	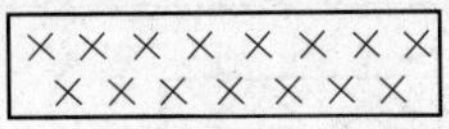	
20	金属	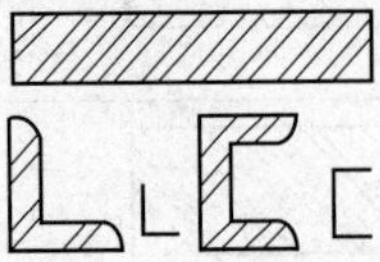	①包括各种金属 ②图形小时可涂黑
21	网状材料		①包括金属、塑料等网状材料 ②注明材料
22	液体		注明名称
23	玻璃	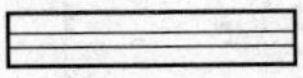	包括平板玻璃、磨砂玻璃、夹丝玻璃、钢化玻璃等
24	橡胶	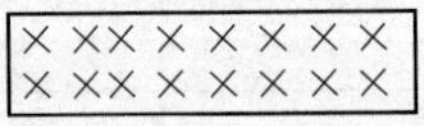	
25	塑料		包括各种软、硬塑料，有机玻璃等
26	防水卷材		构造层次多和比例较大时采用上面图例
27	粉刷		本图例点以较稀的点

第2章
抹灰工程基础知识

第1节 抹灰工程的作用、分类及组成

 学习目标

➤ 熟悉抹灰工程的定义、分类和作用。
➤ 掌握抹灰工程的组成。

 知识要求

一、抹灰工程的定义

用水泥、石灰、石膏、砂（或石粒等）及砂浆，涂抹在建筑物的墙、顶、地、柱等表面上，直接做成饰面层的装饰工程，称为抹灰工程，又称抹灰饰面工程或抹灰罩面工程，简称抹灰。我国有些地区也把抹灰称为粉饰或粉刷。抹灰工程不包括刷浆工程，即不包括在抹灰面上的刷浆、喷浆或涂涂料。

抹灰工程的施工特点是：工程量大，工期长，用工多，占建筑物总造价的比例高，一般占总造价的 $10\% \sim 15\%$。以工程量看，一般民用建筑平均每米^2 的建筑面积就有 $3 \sim 5 \text{ m}^2$ 的内表面抹灰，有 $0.15 \sim 1.5 \text{ m}^2$ 的外表面抹灰，高级装饰可达 $0.75 \sim 1.5 \text{ m}^2$ 的外抹灰。工程所需劳动量占整个建筑物劳动总量的 $30\% \sim 40\%$。工期占整个建筑物施工工期的一半，甚至更多。

二、抹灰工程的分类

1. 抹灰工程按建筑物所使用的材料和装饰效果不同分类

根据建筑物所使用的材料和装饰效果不同，抹灰工程分为一般抹灰、砂浆装饰抹灰和特殊抹灰 3 种。

（1）一般抹灰

一般抹灰是指用水泥混合砂浆、石灰砂浆、水泥砂浆、聚合物水泥砂浆、膨胀珍珠岩水泥砂浆和麻刀灰、纸筋灰、石膏灰等材料的抹灰工程。按其适用范围、抹灰组成层数、操作工序和表面质量要求分为普通抹灰、中级抹灰和高级抹灰。

普通抹灰是由一层底层、一层面层组成，两遍完成，也可不分层。普通抹灰的常规要求是分层赶平、修整、表面压光。普通抹灰适用于简易的住宅、大型设施和非居住房屋（如车库、仓库、办公楼等）及工业房屋。

中级抹灰适用于一般居住、民用、公用和工业房屋及高级建筑物中的附属用房。中级抹灰的做法是做一层底层、一层中层和一层面层。中级抹灰的常规要求是阳角找方，设置标筋，分层找平。

高级抹灰适用于大型公共建筑物、纪念性建筑物（如剧院、礼堂、展览馆和高级住宅）及有特殊要求的高级建筑等。高级抹灰做法是做一层底层、数层中层和一层面层。高级抹灰的常规要求是阴阳角找方，设置标筋，分层找平、修整、表面压光。

（2）砂浆装饰抹灰

装饰抹灰的底层和中层与一般抹灰相同，但其面层材料往往有较大区别，装饰抹灰的面层材料主要有水泥石子浆、水泥砂浆、聚合物水泥砂浆等。装饰抹灰施工时常常需要采用较特殊的施工工艺，如水刷石、斩假石、干粘石、假面砖、喷涂、滚涂、弹涂等。装饰抹灰的装饰效果主要体现在较充分地利用材料的质感、色泽等获得美感，能形成较多的形状、纹路和轮廓。

（3）特殊抹灰

为了满足某些特殊的要求（如保温、耐酸、防水等）而采用保温砂浆、耐酸砂浆、防水砂浆等进行的抹灰。

2. 抹灰工程按房屋建筑部位分类

按房屋建筑部位分可分为室内抹灰和室外抹灰。

室内抹灰一般包括顶棚、墙面、楼地面、踢脚板、楼梯等部位的抹灰。室外抹灰一般包括屋檐、女儿墙、压顶、窗楣、窗台、腰线、阳台、雨篷、勒脚及墙面等部位的抹灰。

3. 抹灰工程按抹灰层次分类

抹灰层是由底层灰、中层灰及面层灰组成，如图 2—1 所示。底层灰主要起与基层表面黏结和初步找平的作用，面层灰主要起装饰美化作用。

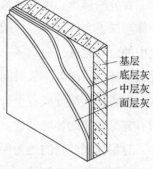

抹灰厚度技术标准：底层灰的厚度一般为 5 ~ 9 mm，中层灰的厚度一般为 5 ~ 9 mm，面层灰厚度应由面层的使用材料而定。其中，在赶平压实后，对于麻刀石灰浆罩面，其厚度不大 3 mm，对于纸筋石灰浆或石膏灰浆罩面，其厚度不大于 2 mm，水泥砂浆面层和装饰面层，其厚度不大于 10 mm。

基层
底层灰
中层灰
面层灰

图 2—1　抹灰层的组成

4. 抹灰工程按工艺类型分类

（1）艺术抹灰

主要用于高级建筑的室内和室外的局部工程。用模具制出复杂线型和用推模或翻模的方法做出装饰花饰，来装饰建筑物的阴阳角、踢脚、门窗套、柱帽、大梁等部位，起到美化和艺术的渲染作用。

（2）装饰抹灰

一般用于室外不同部位的施工，具有较好的装饰效果，如水刷石、干粘石、拉毛、刷涂、弹涂等。

（3）饰面粘贴与安装

主要是饰面板材的施工，包括瓷砖、面砖、马赛克、缸砖、水磨石和花岗石的施工。主要施工工艺采用粘贴法、安装法和干挂法。施工方法的选择要依据板材或块材尺寸的大小和施工的高度。

（4）机械喷涂抹灰

机械喷涂抹灰是把搅拌好的砂浆，经振动筛后倾入灰浆输送泵，通过管道，再借助空气压缩机的压力，把灰浆连续均匀地喷涂于墙面和顶棚上，再经过找平搓实，完成抹灰饰面。机械喷涂适用于内外墙和顶棚石灰砂浆、水泥混合砂浆和水泥砂浆抹灰的底层和中层抹灰。机械喷涂抹灰的机具设备有砂浆输送泵、组装车、管道、喷枪及常用抹灰工具等。

三、抹灰工程的组成

抹灰工程中通常把抹灰层分为底层、中层和面层。各层的作用不同，则所用材料及其配合比也不相同，不相同的抹灰材料要分层进行涂抹。即使抹灰层的各层材料相同，也不能一次抹上去，一次抹成不但操作困难，不易压实，而且过厚的抹灰层自重很大。当抹灰层的自重超过抹灰层与物面的黏结力时，抹灰层就会掉落下来。若分层抹灰，每层抹灰自重就小，抹灰层与物面及各抹灰层之间的黏结力足够使抹灰层不会掉下来。抹灰砂浆如掺有石灰膏等气硬材料时，由于石灰膏会吸收空气中的二氧化碳，而二氧化碳在空气中含量又少，使石灰膏的化学反应进行缓慢，尤其是抹灰层深处，长时间不能硬结，为了加快石灰膏的反应，使每层抹灰层薄一些，即将抹灰层分成若干分层来涂抹。而且各抹灰分层之间有一定施工间歇，使各层有充分硬化的环境条件。

分层抹灰的目的是为保证抹灰牢固、平整、颜色均匀和面层不开裂脱落，施工时须分层操作，且每层不宜抹得太厚，外墙抹灰一般为 20 ~ 25 mm，内墙抹灰为 15 ~ 20 mm。普通标准的装修，抹灰由底层和面层组成。采用分层构造可使裂缝减少，表面平整光滑。底层厚 10 ~ 15 mm，主要起粘接和初步找平作用，施工上称刮糙。中层厚 5 ~ 12 mm，主要起进一步找平作用。面层抹灰又称罩面，厚 3 ~ 5 mm，主要作用是使表面平整、光洁、美观，以取得良好的装饰效果。

四、抹灰工程的作用

1. 满足使用功能要求

抹灰层能起到保温、隔热、防潮、防风化、隔音等作用。

2. 满足美观的要求

抹灰层能使建筑物的界面平整、光洁、美观、舒适。

3. 保护建筑物

抹灰工程是保护建筑物、装饰建筑物最基本的手段之一。抹灰层能使建筑物或构筑物的结构部分不受周围环境中风、雨、雪、日晒、潮湿和有害气体等不利因素的侵蚀，延长建筑物的使用寿命。

第 2 节 抹灰工程常用工具

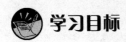 学习目标

➢ 熟悉抹灰施工中常用的手工工具。

知识要求

抹灰操作工在施工过程中，常用的手工工具有抹子、做角抹子、尺子、刷子及其他的手工工具。

一、抹子

1. 铁抹子

铁抹子俗称钢板，有方头和圆头两种，常用于涂抹底灰、水泥砂浆面层、水刷石及水磨石面层等，如图 2—2 和图 2—3 所示。

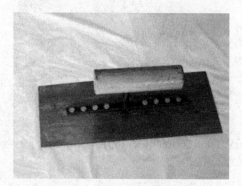

图 2—2　方头铁抹子

图 2—3　圆头铁抹子

2. 塑料抹子

塑料抹子是用硬质聚乙烯塑料做成的抹灰器具，有圆头和方头两种，其用途是压光纸筋灰等面层，如图 2—4 所示。

3. 木抹子

木抹子的作用是搓平底灰和搓毛砂浆表面，有圆头、方头两种，如图 2—5 所示。

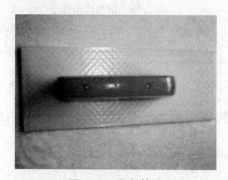

图 2—4　塑料抹子

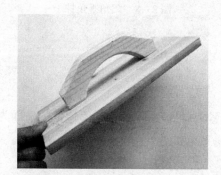

图 2—5　木抹子

二、做角抹子

1. 阴角抹子

用于压实压光阴角，分为阴角直角抹子和阴角圆角抹子，如图 2—6 和图 2—7 所示。

图 2—6　阴角直角抹子

图 2—7　阴角圆角抹子

2. 阳角抹子

用于压光阳角，分为阳角直角抹子和阳角圆角抹子，如图 2—8 和图 2—9 所示。

图 2—8　阳角直角抹子

图 2—9　阳角圆角抹子

三、尺子

1. 刮尺

刮尺端面设计为用于操作的一面为平面，另一面为平面或弧形。用于抹灰层的找平，如图 2—10 和图 2—11 所示。

2. 方尺

又称兜尺，是用于测量阴角、阳角是否方正的量具，如图 2—12 所示。

图 2—10 刮尺平面图

图 2—11 刮尺断面图

3. 水平尺

水平尺用于找平,如图 2—13 所示。

四、刷子

1. 长毛刷

室内外抹灰洒水用,如图 2—14 所示。

图 2—12 方尺

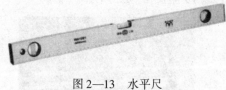

图 2—13 水平尺

图 2—14 长毛刷

2. 鸡腿刷

用于施工过程中长毛刷刷不到的地方,如图 2—15 所示。

3. 钢丝刷

用于清刷基层,如图 2—16 所示。

图 2—15 鸡腿刷

图 2—16 钢丝刷

4. 茅草刷

用茅草扎成，用于木抹子抹平时洒水，如图2—17所示。

5. 猪鬃刷

用于刷洗水刷石、拉毛灰，如图2—18所示。

图2—17 茅草刷   图2—18 猪鬃刷

五、搅拌工具

常用的搅拌工具有筛子、铁锹、灰镐、灰耙和灰叉子等。筛子按用途分为大、中、小三种。大筛一般用于筛分砂子、豆石等，中、小筛一般多用于干粘石。铁锹、灰镐、灰耙和灰叉子用于搅浆，如图2—19至图2—22所示。

图2—19 筛子   图2—20 灰镐

图2—21 灰耙   图2—22 灰叉子

六、饰面安装工具

1. 灰刀

用于饰面砖铺满刀灰和铺下水道、封下水管头，如图 2—23 所示。

2. 凿子

用于剔凿板材、板块的突出部位。

图 2—23　灰刀

七、斩假石用具

剁斧、锤子都是常用的斩假石用具。斩假石用具的主要作用是斩假石，如图 2—24 和图 2—25 所示。

图 2—24　剁斧

图 2—25　锤子

八、小灰勺

用于舀灰浆，如图 2—26 所示。

九、粉线包

用于弹水平线和分格线等，如图 2—27 所示。

图 2—26　小灰勺

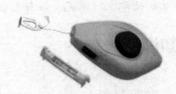

图 2—27　粉线包

十、分格器

适用于抹灰面层分隔，如图 2—28 所示。

43

十一、木杠

分为长、中、短三种。长杠长 2.5 ~ 3.5 m，一般用于做标筋。中杠长 2 ~ 2.5 m。短杠长 1.5 m 左右，用于刮平地面或墙面的抹灰层，如图 2—29 所示。

图 2—28　分格器　　　　　　　　　　图 2—29　木杠

十二、托线板

俗称担子板，与线坠结合在一起使用，主要用于做标志时的挂垂直，检查墙面和柱面的垂直度，如图 2—30 所示。

图 2—30　托线板

第3节　抹灰工程常用原材料

 学习目标

➤ 掌握抹灰工程水泥、石灰、骨料等常用原材料的性质及使用要求。

 知识要求

一、胶凝材料

能将散粒材料或块状材料黏结成整体并具有一定强度的材料称为胶凝材料。胶凝材料在建筑工程中应用广泛。常用的胶凝材料，多数是无机矿物质粉状物，按其凝结硬化的条件不同分为气硬性胶凝材料和水硬性胶凝材料两大类。

气硬性胶凝材料是只能在空气中凝结硬化并保持和发展其强度的胶凝材料。常用的气硬性胶凝材料主要有石膏、石灰、水玻璃等。

水硬性胶凝材料不仅能在空气中凝结硬化，而且能在水中硬化并保持发展其强度。这类建筑材料主要有水泥，其强度主要是在水的作用下产生的。

1. 水泥

水泥是一种粉状水硬性无机胶凝材料。加水搅拌后成浆体，能在空气中硬化或在水中更好地硬化，并能把砂、石等材料牢固地胶结在一起。早期石灰与火山灰的混合物与现代的石灰火山灰水泥很相似，用它胶结碎石制成的混凝土，硬化后不但强度较高，而且还能抵抗淡水或含盐水的侵蚀。长期以来，它作为一种重要的胶凝材料，广泛应用于土木建筑、水利、国防等工程。

水泥特别适用于制造混凝土、预制混凝土、清水混凝土、GRC 产品、黏合剂等场合，普遍用于彩色路面砖、透水砖、文化石、雕塑工艺品、水磨石、耐磨地坪、腻子等，具有高光线反射性能，使制造的路边石、路标、路中央分隔线拥有更高的交通安全性能。

白水泥多用于装饰，其制造工艺比普通水泥要好很多。主要用来勾白瓷片的缝隙，一般不用于墙面，原因是强度不高。在建材市场或装饰材料商店有售，如图 2—31 所示。

图 2—31　白水泥

（1）水泥的分类

1）通用水泥。通用水泥是一般土木建筑工程通常采用的水泥。通用水泥主要是指《通用硅酸盐水泥》（GB 175—2007）规定的六大类水泥，即硅酸盐水泥、普通硅酸盐水泥、矿渣硅酸盐水泥、火山灰质硅酸盐水泥、粉煤灰硅酸盐水泥和复合硅酸盐水泥。

①硅酸盐水泥。是由硅酸盐水泥熟料、0%～5% 石灰石或粒化高炉矿渣、适量石膏磨细制成的水硬性胶凝材料，代号为 P.I 和 P.II，即国外通称的波特兰水泥。

②普通硅酸盐水泥。是由硅酸盐水泥熟料、6%～20% 混合材料、适量石膏磨细制成的水硬性胶凝材料，简称普通水泥，代号为 P.O。

③矿渣硅酸盐水泥。是由硅酸盐水泥熟料、20%～70% 粒化高炉矿渣和适量石膏磨细制成的水硬性胶凝材料，代号为 P.S。

④火山灰质硅酸盐水泥。是由硅酸盐水泥熟料、20%~40%火山灰质混合材料和适量石膏磨细制成的水硬性胶凝材料，代号为 P. P。

⑤粉煤灰硅酸盐水泥。是由硅酸盐水泥熟料、20%~40%粉煤灰和适量石膏磨细制成的水硬性胶凝材料，代号为 P. F。

⑥复合硅酸盐水泥。是由硅酸盐水泥熟料、20%~50%两种或两种以上规定的混合材料和适量石膏磨细制成的水硬性胶凝材料，简称复合水泥，代号为 P. C。

六大通用水泥的特性见表2—1。

表2—1　　　　　　　　　　　六大通用水泥的特性

	硅酸盐水泥	普通硅酸盐水泥	矿渣硅酸盐水泥	火山灰质硅酸盐水泥	粉煤灰硅酸盐水泥	复合硅酸盐水泥
主要特性	①凝结硬化快、早期强度高 ②水化热大 ③抗冻性好 ④耐热性差 ⑤耐蚀性差 ⑥干缩性较小	①凝结硬化较快、早期强度较高 ②水化热较大 ③抗冻性较好 ④耐热性较差 ⑤耐蚀性较差 ⑥干缩性较小	①凝结硬化慢、早期强度低，后期强度增长较快 ②水化热较小 ③抗冻性差 ④耐热性好 ⑤耐蚀性较好 ⑥干缩性较大 ⑦泌水性大、抗渗性差	①凝结硬化慢、早期强度低，后期强度增长较快 ②水化热较小 ③抗冻性差 ④耐热性较差 ⑤耐蚀性较好 ⑥干缩性较大 ⑦抗渗性较好	①凝结硬化慢、早期强度低，后期强度增长较快 ②水化热较小 ③抗冻性差 ④耐热性较差 ⑤耐蚀性较好 ⑥干缩性较小 ⑦抗裂性较高	①凝结硬化慢、早期强度低，后期强度增长较快 ②水化热较小 ③抗冻性差 ④耐蚀性较好 ⑤其他性能与所掺入的两种或两种以上混合材料的种类、掺量有关

2）装饰水泥。装饰水泥常用于装饰建筑物的表层，施工简单，造型方便，容易维修，价格便宜。品种有一般水泥、白色水泥和彩色水泥。其中：白色硅酸盐水泥以硅酸钙为主要成分，加少量铁质熟料及适量石膏磨细而成。彩色硅酸盐水泥以白色硅酸盐水泥熟料和优质白色石膏，掺入颜料、外加剂共同磨细而成，在工程中

用于配制彩色水泥浆和装饰混凝土。常用的彩色掺加颜料有氧化铁（红、黄、褐、黑）、二氧化锰（褐、黑）、氧化铬（绿）、钴蓝（蓝）、群青蓝（靛蓝）、孔雀蓝（海蓝）、炭黑（黑）等。装饰水泥与硅酸盐水泥相似，施工及养护相同，但比较容易污染，器械工具必须干净。

3）专用水泥。是专门用途的水泥。如 G 级油井水泥、道路硅酸盐水泥。

4）特性水泥。是某种性能比较突出的水泥。如快硬硅酸盐水泥、低热矿渣硅酸盐水泥、膨胀硫铝酸盐水泥、磷铝酸盐水泥和磷酸盐水泥。

（2）水泥主要技术指标

1）相对密度与容重。标准水泥相对密度为 3.1，容重通常采用 3 100 kg/m³。

2）细度。指水泥颗粒的粗细程度。颗粒越细，硬化得越快，早期强度也越高。

3）凝结时间。水泥的凝结时间分为初凝时间和终凝时间。初凝时间是从水泥加水拌和起至水泥浆开始失去可塑性所需的时间，终凝时间是从水泥加水拌和起至水泥浆完全失去可塑性并开始产生强度所需的时间。国家标准规定，六大常用水泥的初凝时间均不得短于 45 min，硅酸盐水泥的终凝时间不得长于 6.5 h，其他五类常用水泥的终凝时间不得长于 10 h。

4）强度。水泥强度应符合国家标准。六大通用水泥标准实行以 MPa 表示的强度等级，如 32.5、32.5R、42.5、42.5R、52.5、52.5R、62.5、62.5R 等，使强度等级的数值与水泥 28 天抗压强度指标的最低值相同。

国家标准《通用硅酸盐水泥》（GB 175—2007）还统一规定了水泥的强度等级，硅酸盐水泥分为三个等级 6 个类型，即 42.5、42.5R、52.5、52.5R、62.5、62.5R；普通硅酸盐水泥分为 2 个等级 4 个类型，即 42.5、42.5R、52.5、52.5R；其他四大类水泥也分 3 个等级 6 个类型，即 32.5、32.5R、42.5、42.5R、52.5、52.5R。

5）体积安定性。指水泥在凝结硬化过程中，体积变化的均匀性。水泥中含杂质较多，会产生不均匀变形。

6）水化热。水泥与水作用会产生放热反应，在水泥硬化过程中，不断放出的热量称为水化热。水化热的大小及放热速度主要取决于水泥的矿物组成及细度。水化热大部分在水化初期放出，以后逐渐减少。

7）标准稠度。指水泥净浆对标准试杆的沉入具有一定阻力时的稠度。

（3）包装、标志、运输与储存

水泥可以散装或袋装，袋装水泥每袋净含量为 50 kg，且应不少于标志质量的 99%。随机抽取 20 袋总质量（含包装袋）应不少于 1 000 kg。其他包装形式由供需双方协商确定，但有关袋装质量要求，应符合上述规定。水泥包装袋应符合《水泥包装袋》（GB 9774—2010）的规定。

水泥包装袋上应清楚标明执行标准、水泥品种、代号、强度等级、生产者名称、生产许可证标志（QS）及编号、出厂编号、包装日期、净含量等。包装袋两侧应根据水泥的品种采用不同的颜色印刷水泥名称和强度等级，硅酸盐水泥和普通硅酸盐水泥采用红色，矿渣硅酸盐水泥采用绿色，火山灰质硅酸盐水泥、粉煤灰硅酸盐水泥和复合硅酸盐水泥采用黑色或蓝色。

散装发运时应提交与袋装标志相同内容的卡片。水泥的保质期为3个月，3个月后需要重新测试强度，并按新的强度值确定其强度等级。水泥在运输与储存时不得受潮和混入杂物，保证通风良好。不同生产厂、不同品种、不同强度等级、不同生产日期的水泥应分别储存，严禁混杂。

2. 石灰

（1）组成

生产石灰的原料是石灰岩，主要成分是碳酸钙，其次是碳酸镁。石灰是一种气硬性无机胶凝材料。

石灰在土木工程中应用范围很广。石灰具有较强的碱性，在常温下，能与玻璃态的活性氧化硅或活性氧化铝反应，生成有水硬性的产物，产生胶结。因此，石灰还是建筑材料工业中重要的原材料。将主要成分为碳酸钙的天然岩石，在适当温度下煅烧，排除分解出的二氧化碳后，所得的以氧化钙（CaO）为主要成分的产品即为石灰，又称生石灰，如图2—32和图2—33所示。

图2—32 石灰石　　　　　　　图2—33 生石灰

（2）石灰的熟化

生石灰呈白色或灰色块状，为便于使用，块状生石灰常需加工成生石灰粉、消石灰粉或石灰膏。生石灰粉是由块状生石灰磨细而得到的细粉，其主要成分是CaO。消石灰粉是块状生石灰用适量水熟化而得到的粉末，又称熟石灰，其主要成分是 Ca（OH）$_2$。石灰膏是块状生石灰用较多的水（为生石灰体积的 3~4 倍）熟化而得到的膏状物，也称石灰浆，其主要成分也是 Ca（OH）$_2$。

生石灰（CaO）与水反应生成氢氧化钙的过程，称为石灰的熟化或消化。反应生成的产物氢氧化钙称为熟石灰或消石灰。

石灰熟化时放出大量的热，体积增大 1.5~2 倍。煅烧良好、氧化钙含量高的石灰熟化较快，放热量和体积增大也较多。工地上熟化石灰常用两种方法：消石灰浆法和消石灰粉法。

（3）石灰的陈伏

根据加水量的不同，石灰可熟化成消石灰粉或石灰膏。石灰熟化的理论需水量为石灰质量的 32%。在生石灰中，均匀加入 60%~80% 的水，可得到颗粒细小、分散均匀的消石灰粉。若用过量的水熟化，将得到具有一定稠度的石灰膏。石灰中一般都含有过火石灰，过火石灰熟化慢，若在石灰浆体硬化后再发生熟化，会因熟化产生的膨胀而引起隆起和开裂。为了消除过火石灰的这种危害，石灰在熟化后，还应在化灰池中保存 15 天，称为石灰的陈伏。这样就可以保证石灰的完全熟化，并放出热量。

（4）石灰的硬化

石灰浆体的硬化包括干燥结晶和碳化两个同时进行的过程。石灰浆体因水分蒸发或被吸收而干燥，在浆体内的孔隙网中，产生毛细管压力，使石灰颗粒更加紧密而获得强度。这种强度类似于黏土失水而获得的强度，其值不大，遇水会丧失。同时，由于干燥失水，引起浆体中氢氧化钙溶液过饱和，结晶出氢氧化钙晶体，产生强度，但析出的晶体数量少，强度增长也不大。在大气环境中，氢氧化钙在潮湿状态下会与空气中的二氧化碳反应生成碳酸钙，并释放出水分，即发生碳化。

碳化所生成的碳酸钙晶体相互交叉连生或与氢氧化钙共生，形成紧密交织的结晶网，使硬化石灰浆体的强度进一步提高。但是，由于空气中的二氧化碳含量很低，表面形成的碳酸钙层结构较致密，会阻碍二氧化碳的进一步渗入，因此，碳化过程是十分缓慢的。

生石灰熟化后形成的石灰浆中，石灰粒子形成氢氧化钙胶体结构，颗粒极细（粒径约为 1 μm），比表面积很大（达 10~30 m^2/g），其表面吸附一层较厚的水膜，可吸附大量的水，因而有较强保持水分的能力，即保水性好。将它掺入水泥砂浆中，配成混合砂浆，可显著提高砂浆的和易性。

石灰依靠干燥结晶及碳化作用而硬化，由于空气中的二氧化碳含量低，且碳化后形成的碳酸钙硬壳阻止二氧化碳向内部渗透，也妨碍水分向外蒸发，因而硬化缓慢，硬化后的强度也不高，1:3 的石灰砂浆 28 天的抗压强度只有 0.2～0.5 MPa。处于潮湿环境时，石灰中的水分不蒸发，二氧化碳也无法渗入，硬化将停止，加上氢氧化钙微溶于水，已硬化的石灰遇水还会溶解溃散。因此，石灰不宜在长期潮湿和受水浸泡的环境中使用。

石灰在硬化过程中，要蒸发掉大量的水分，引起体积显著收缩，易出现干缩裂缝。所以石灰不宜单独使用，一般要掺入砂、纸筋、麻刀等材料，以减少收缩，增加抗拉强度，并能节约石灰。

石灰中产生胶结性的成分是有效氧化钙和氧化镁，其含量是评价石灰质量的主要指标。石灰中的有效氧化钙和氧化镁的含量可以直接测定，也可以通过氧化钙与氧化镁的总量和二氧化碳的含量反映，生石灰还有未消化残渣含量的要求，生石灰粉有细度的要求，消石灰粉则还有体积安定性、细度和游离水含量的要求。

（5）石灰的技术性质

石灰的保水性、可塑性好，工程上常被用来改善砂浆的保水性，以克服水泥砂浆保水性差的缺点。石灰凝结硬化速度慢、强度低、耐水性差。石灰的干燥收缩大，因此除粉刷以外，不宜单独使用。石灰硬化体积收缩大，生石灰吸水性强。

（6）石灰在建筑上的用途

1）石灰乳涂料。石灰加大量的水所得的稀浆，即为石灰乳。主要用于要求不高的室内粉刷。

2）砂浆。利用石灰膏或消石灰粉可配制成石灰砂浆或水泥石灰混合砂浆，用于抹灰和砌筑，如图2—34所示。

图2—34 拌和砂浆

3）灰土和三合土。消石灰粉与黏土拌和后称为灰土，再加砂或石屑、炉渣等即成三合土。灰土和三合土广泛用于建筑物的基础和道路的垫层，如图2—35和图2—36所示。

图 2—35　拌和灰土

图 2—36　灰土垫层

4）硅酸盐混凝土及其制品。硅酸盐混凝土制品是以石灰与硅质材料（如石英砂、粉煤灰、矿渣等）为主要原料，经磨细、配料、拌和、成型、养护（蒸汽养护或压蒸养护）等工序得到的人造石材。常用的硅酸盐混凝土制品有蒸汽养护和压蒸养护的各种粉煤灰砖、灰砂砖、砌块及加气混凝土等。

5）碳化石灰板。碳化石灰板是将磨细生石灰、纤维状填料（如玻璃纤维）或轻质骨料加水搅拌成型为坯体，然后再通入二氧化碳进行人工碳化（12～24 h）而成的一种轻质板材。适合做非承重的内隔墙板、顶棚等。

生石灰块及生石灰粉须在干燥条件下运输和储存，且不宜存放太久。长期存放时应在密闭条件下，且应防潮、防水。

3. 建筑石膏

（1）组成

建筑石膏是以硫酸钙为主要成分的气硬性胶凝材料，如图 2—37 所示，根据强度、细度和凝结时间等技术要求分为优等品、一等品、合格品。建筑石膏储存 3 个月强度降低 30%，超过 3 个月应重新进行质量检验，确定等级。

（2）水化硬化

将建筑石膏加水后，它首先溶解于水，然后生成二水石膏析出。随着水化的不断进行，生成的二水石膏胶体微粒不断增多，这些微粒比原先更加细小，比表面积很大，吸附着很多的水分，同时浆体中的自由水分由于水化和蒸发而不断减少，浆体的稠度不断增加，胶体微粒间的黏结逐步增强，颗粒间产生摩擦力和黏结力，使浆体逐渐失去可塑性，即浆体逐渐产生凝结。继续水化，胶体转变成晶体。晶体颗

图 2—37　建筑石膏

粒逐渐长大，使浆体完全失去可塑性，产生强度，即浆体产生了硬化。这一过程不断进行，直至浆体完全干燥，强度不再增加，此时浆体已硬化成人造石材。

（3）技术性质

1）凝结硬化快。建筑石膏在加水拌和后，浆体在几分钟内便开始失去可塑性，30 min 内完全失去可塑性而产生强度，大约一星期完全硬化。为满足施工要求，需要加入缓凝剂，如硼砂、酒石酸钾钠、柠檬酸、聚乙烯醇、石灰活化骨胶或皮胶等。

2）凝结硬化时体积微膨胀。石膏浆体在凝结硬化初期会产生微膨胀。这一性质使石膏制品的表面光滑、细腻、尺寸精确、形体饱满、装饰性好。

3）孔隙率大。建筑石膏在拌和时，为使浆体具有施工要求的可塑性，需加入石膏用量60%～70%的用水量，而建筑石膏水化的理论需水量为18.6%，所以大量的自由水在蒸发时，在建筑石膏制品内部形成大量的毛细孔隙。建筑石膏导热系数小，吸声性较好，属于轻质保温材料。

4）具有一定的调湿性。由于石膏制品内部大量毛细孔隙对空气中的水蒸气具有较强的吸附能力，所以对室内的空气湿度有一定的调节作用。

5）防火性好。石膏制品在遇火灾时，二水石膏将脱出结晶水，吸热蒸发，并在制品表面形成蒸汽幕和脱水物隔热层，可有效减少火焰对内部结构的危害。建筑石膏制品在防火的同时自身也会遭到损坏，而且石膏制品也不宜长期用于靠近65℃以上高温的部位，以免二水石膏在此温度下失去结晶水，从而失去强度。

6）耐水性、抗冻性差。建筑石膏硬化体的吸湿性强，吸收的水分会减弱石膏晶粒间的结合力，使强度显著降低。若长期浸水，还会因二水石膏晶体逐渐溶解而导致破坏。石膏制品吸水饱和后受冻，会因孔隙中水分结晶膨胀而破坏。所以石膏制品的耐水性和抗冻性较差，不宜用于潮湿部位。为提高其耐水性，可加入适量的水泥、矿渣等水硬性材料，也可加入有机防水剂等，可改善石膏制品的孔隙状态或使孔壁具有憎水性。

（4）用途

1）室内抹灰和粉刷建筑石膏加水、砂及缓凝剂拌和成石膏砂浆，用于室内抹灰。抹灰后的表面光滑、细腻、洁白美观。石膏砂浆也可以作为油漆等的打底层，并可直接涂刷油漆或粘贴墙布或壁纸等。建筑石膏加水及缓凝剂拌和成石膏浆体，可作为室内粉刷涂料。

2）石膏板

①纸面石膏板以建筑石膏为主要原料，掺入适量的纤维材料、缓凝剂等作为芯材，以纸板作为增强保护材料，经搅拌、成型（辊压）、切割、烘干等工序制得，如图2—38所示。纸面石膏板的长度为1 800～3 600 mm，宽度为900～1 200 mm，厚度为9 mm、12 mm、15 mm、18 mm，其纵向抗折荷载可达400～850 N。纸面石膏板主要用于隔墙、内墙等，其自重仅为砖墙的1/5。耐水纸面石膏板主要用于厨房、卫生间等潮湿环境。耐火纸面石膏板主要用于耐火要求高的室内隔墙、吊顶等。

②纤维石膏板是以纤维材料（多使用玻璃纤维）为增强材料，与建筑石膏、缓凝剂、水等经特殊工艺制成的石膏板。纤维石膏板的强度高于纸面石膏板，规格与其基本相同。纤维石膏板除用于隔墙、内墙外，还可用来代替木材制作家具。

③装饰石膏板由建筑石膏、适量纤维材料和水等经搅拌、浇注、修边、干燥等工艺制成，如图2—39所示。装饰石膏板造型美观，装饰性强，且具有良好的吸声、防火等功能，主要用于公共建筑的内墙、吊顶等。

图2—38　纸面石膏板

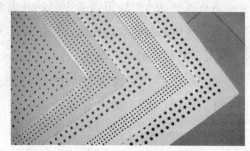
图2—39　装饰石膏板

④空心石膏板以建筑石膏为主，加入适量的轻质多孔材料、纤维材料和水经搅拌、浇注、振捣成型、抽芯、脱模、干燥而成，如图2—40所示。主要用于隔墙、内墙等，使用时不需龙骨。

4．水玻璃

建筑上常用的水玻璃（见图2—41）是硅酸钠（$Na_2O \cdot nSiO_2$）的水溶液。水玻璃的黏结力强、强度较高，耐酸性、耐热性好，耐碱性和耐水性差。

（1）水玻璃的用途

1）涂刷材料表面，提高其抗风化能力。以密度为1.35 g/cm³的水玻璃浸渍或涂刷黏土砖、水泥混凝土、硅酸盐混凝土、石材等多孔材料，可提高材料的

图 2—40　空心石膏板

密实度、强度、抗渗性、抗冻性及耐水性等。

2）加固土。将水玻璃和氯化钙溶液交替压注到土中，生成的硅酸凝胶在潮湿环境下，因吸收土中水分处于膨胀状态，使土固结。

3）配制速凝防水剂。

4）修补砖墙裂缝。将水玻璃、粒化高炉矿渣粉、砂及氟硅酸钠按适当比例拌和后，直接压入砖墙裂缝，可起到黏结和补强作用。

5）硅酸钠水溶液可做防火门的外表面。

6）可用来制作耐酸胶泥，用于炉窑类的内衬。

（2）硅酸钠的生产方法

硅酸钠的生产方法分为干法（固相法）和湿法（液相法）两种。

1）干法生产。是将石英砂和纯碱按一定比例混合后，在反射炉中加热到1 400℃左右，生成熔融状硅酸钠。

2）湿法生产。以石英岩粉和烧碱为原料，在高压蒸锅内，0.6～1.0 MPa蒸汽下反应，直接生成液体水玻璃。微硅粉可代替石英矿生产出模数为 4 的硅酸钠。

图 2—41　水玻璃

二、骨料

1. 分类

骨料，即在混凝土中起骨架或填充作用的粒状松散材料，分为粗骨料和细骨料。粗骨料包括卵石、碎石、废渣等，细骨料包括中细砂、粉煤灰等，如图2—42和图2—43所示。

图 2—42 骨料（一）

图 2—43 骨料（二）

粒径大于 4.75 mm 的骨料称为粗骨料，俗称石。常用的有碎石及卵石两种。碎石是天然岩石或岩石经机械破碎、筛分制成的粒径大于 4.75 mm 的岩石颗粒。卵石是由自然风化、水流搬运和分选、堆积而成的粒径大于 4.75 mm 的岩石颗粒。卵石和碎石颗粒的长度大于该颗粒所属相应粒级的平均粒径 2.4 倍者为针状颗粒，厚度小于平均粒径 0.4 倍者为片状颗粒（平均粒径指该粒级上、下限粒径的平均值）。建筑用卵石、碎石应满足国家标准《建设用卵石、碎石》（GB/T 14685—2011）的技术要求。

粒径4.75 mm以下的骨料称为细骨料，俗称砂。配置砂浆时，对天然砂的粒径一般规定为0.15~5 mm。砂按产源分为天然砂、人工砂两类。天然砂是由自然风化、水流搬运和分选、堆积形成的、粒径小于4.75 mm的岩石颗粒，但不包括软质岩、风化岩石的颗粒。天然砂包括河砂、湖砂、山砂和淡化海砂。根据颗粒大小砂又分为粗砂、中砂、细砂和特细砂四种。

2. 细骨料的使用要求

（1）细骨料应质地坚硬、清洁、级配良好，人工砂的细度模数宜为2.4~2.8，天然砂的细度模数宜为2.2~3.0。使用山砂、粗砂应采取相应的实验论证。

（2）细骨料在开采过程中应定期或按一定开采的数量进行碱活性检验，有潜在危害时期，应采取相应措施，并经专门实验论证。

（3）细骨料的含水率应保持稳定，人工砂饱和后的含水率不宜超过6%，必要时应采取加速脱水措施。

（4）细骨料在使用中应过筛，不得含有杂质，要求颗粒坚硬、洁净，含泥量不得超过3%。

三、纤维材料

1. 麻刀（见图2—44）

麻刀一般掺在石灰里起增强材料连接、防裂、提高强度的作用。古时建造土房子时掺到泥浆里，以提高墙体韧度、连接性能，是古建中做屋面青瓦时不可或缺的一种辅料。专业术语所讲的麻刀灰是指白灰膏、麻刀、青灰组合起来的一种灰浆。

2. 纸筋

图2—44　麻刀

用白纸筋或草纸筋，使用前应用水浸透、捣烂、洁净。罩面纸筋宜用机碾磨细。稻草、麦秸应坚韧、干燥，不含杂质，其长度不得大于30 mm。稻草、麦秸应经石灰浆浸泡处理。以前用草纸，现在多数用水泥纸袋替代，因为水泥纸袋的纤维韧性较好。

纸筋掺在石灰里起增强材料连接，防裂、提高强度，减少石灰硬化后的收缩，节约石灰的使用。古时建造土房子时掺到泥浆里，以提高墙体韧度、连接性能。

第 3 章

抹灰工程施工准备

第 1 节　抹灰砂浆的配制和检查

 学习单元 1　抹灰砂浆的配制

 学习目标

➤ 了解砂浆的种类、作用及性能。

➤ 掌握配制砂浆的顺序。

➤ 能根据施工配合比要求配制砂浆。

 知识要求

一、砂浆的种类

砂浆在建筑工程中是一种用量大、用途广的材料。它由胶结材料、细骨料和水组成，有时也掺入一些掺和料。按其用途可分为砌筑砂浆、防水砂浆、装饰砂浆、抹面砂浆等。按胶凝材料可分为水泥砂浆、混合砂浆、石灰砂浆等。在砂浆中掺入纸浆、麻刀（或玻璃丝）后，又称为纸筋灰浆和麻刀灰浆。另外，对湿度较大的房间应选用水泥砂浆或水泥混合砂浆。在混凝土板和墙面抹灰时，可选用水泥砂浆或聚合物水泥砂浆，应根据设计规定选用相应的类别与品种。

二、砂浆的作用

抹面砂浆也称为抹灰砂浆，以薄层抹于建筑表面，其作用是保护墙体不受风、雨、潮气等侵蚀，提高墙体防潮、防风化、防腐蚀的能力，增加墙体的耐火性和整体性，同时使墙面平整、光滑、清洁美观。

三、砂浆的性能

新拌砂浆应具有良好的和易性。和易性良好的砂浆不易产生分层、析水现象，能在粗糙的表面上铺成均匀的薄层，能很好地与底层黏结，便于施工和保证工程质量。砂浆和易性的好坏取决于砂浆的流动性和保水性。

1. 流动性

流动性即稠度，是指新拌砂浆在自重或外力作用下产生流动的性质。胶凝材料用量、用水量、砂粒细度和形状及搅拌时间是影响流动性的主要因素。砂浆流动性的指标是沉入度，是以一定质量的圆锥体在自重作用下，在一定时间内沉入砂浆中的深度表示，单位为 mm。沉入值大表示砂浆流动性好。一般抹灰中，底层砂浆稠度为 90~110 mm，中层砂浆稠度为 70~90 mm，面层砂浆稠度为 70~80 mm。

2. 保水性

砂浆的保水性是指砂浆能够保持水分的能力。保水性好的砂浆在施工中不易产生泌水、分层现象，便于施工，黏结性好。保水性不良的砂浆，使用过程中会出现泌水、流浆，使砂浆和基层联结不牢，并且因失水而影响砂浆的正常凝结硬化，使砂浆强度降低。保水性的指标是分层度，是砂浆静置一定时间前后的沉入度差值。分层度大于 30 mm 的砂浆，产生离析，保水性不良，分层度为 0 的砂浆，虽然保水性好，但砂浆硬化后干缩值大。一般工程要求抹灰砂浆分层度以 10~20 mm 为宜。

四、砂浆的配合比

抹灰砂浆配合比是指组成抹灰砂浆的各种原材料的质量比。抹灰砂浆配合比在设计图样上均有注明，根据砂浆品种及配合比就可以计算出原材料的用量。计算步骤是：先计算出抹灰工程量（面积），再查取《全国统一建筑工程基础定额》中相应项目的砂浆用量定额，工程量乘以砂浆用量定额得出砂浆用量，将砂浆用量乘以相应砂浆配合比，即可得出组成原材料用量。

1. 常用砂浆的配合比

（1）常用水泥砂浆的配合比

水泥砂浆的配合比是根据工程部位而定的。当采用 42.5 级水泥时，其与砂浆的常用配合比分别为 1:1、1:1.5、1:2、1:2.5 及 1:3。

（2）常用水泥混合砂浆的配合比

镶贴施工中常用体积配合比，应注意砂浆配合比中的体积配合比与质量配合比之间的关系。当采用强度等级为 42.5 级水泥配制水泥混合砂浆时，水泥: 石灰膏: 粗砂的常用配合比为 1:1:6。

（3）常用水泥石灰砂浆的配合比

当采用强度等级为 42.5 级水泥配制石灰砂浆时，其常用配合比分别为 1:0.5:1、1:0.5:3、1:1:4、1:0.5:2 及 1:0.2:2。机械搅拌石灰砂浆的方法是先开动机械后放料。

（4）聚合物水泥砂浆的配合比

聚合物水泥砂浆中有聚合物材料，属于防水砂浆。聚合物水泥砂浆的配合比是根据组成材料的质量比确定。

2. 常用砂浆配合比用料（见表 3—1 至表 3—4）

表 3—1　　　　　　　　水泥抹灰砂浆配合比材料用料　　　　　　　　kg/m³

强度等级	水泥	砂	水
M15	330～380		
M20	380～450	1 m³ 砂的堆积密度值	250～300
M25	400～450		
M30	460～530		

表 3—2　　　　　　　水泥粉煤灰抹灰砂浆配合比材料用料　　　　　　　kg/m³

强度等级	水泥	粉煤灰	砂	水
M5	250～290			
M10	320～350	内掺、等量取代水泥量的 10%～30%	1 m³ 砂的堆积密度值	270～320
M15	350～400			

表3—3　　　　　　　水泥石灰抹灰砂浆配合比材料用料　　　　　　kg/m³

强度等级	水泥	石灰膏	砂	水
M2.5	200～230			
M5	230～280			
M7.5	280～330	$(350～400)-C$	1 m³ 砂的堆积密度值	180～280
M10	330～380			

注：表中的 C 为水泥用量。

表3—4　　　　　　掺塑化剂水泥抹灰砂浆配合比材料用料　　　　　　kg/m³

强度等级	水泥	砂	水
M5	260～300		
M10	330～360	1 m³ 砂的堆积密度值	250～280
M15	360～410		

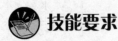 技能要求

配制砂浆的顺序

按施工要求进行砂浆配制的步骤是配合比、计算、称料、混合与搅拌。

一、配合比

就是两种或两种以上材料进行混合时的比例，砂浆配合比是液固混合，用无机胶凝材料（如水泥、石灰、石膏等）与细骨料（砂、石子）和水按照施工需要计算各种材料的配合比例。

二、计算

砂浆配制时所需要的各种材料的数量计算可以参照表3—1～表3—4。

三、称料

拌和砂浆须严把计量关，严禁采用体积比，材料计量允许误差：水泥、有机塑化剂和冬期施工中掺用的氯盐等控制在 ±2% 以内。砂、水、石灰、石膏、电石膏、粉土膏、粉煤灰和磨细生石灰粉等控制在 ±5% 以内。砂应计入其含水量对配料的影响。施工现场拌和砂浆时，应该采用精确度高的称重设备准确称料，将重量误差控制在允许范围之内。

四、混合与搅拌

砂浆拌和时，先加砂和水泥（或其他胶凝材料）搅拌均匀，而后再加水搅拌均匀。砂浆应采用机械搅拌，自投料完毕起，水泥砂浆和水泥混合砂浆搅拌时间不得少于 120 s，预拌砂浆、水泥粉煤灰砂浆和掺用外加剂的砂浆不得少于 180 s，掺用有机塑化剂的砂浆应为 3 ~ 5 min。

 学习单元 2　抹灰砂浆的配制和检查

 学习目标

➢ 了解砂浆材料的质量要求。

➢ 掌握砂浆拌制及使用。

➢ 熟悉砂浆的配制稠度。

➢ 掌握砂浆稠度检查及分层度检查方法。

➢ 能准确进行砂浆取样试验。

 知识要求

一、砂浆材料的质量要求

1. 水泥

宜采用普通水泥或硅酸盐水泥。其强度等级宜采用 42.5 级及以上的。水泥为颜色一致、同一品种、同一厂家生产的产品。水泥进厂需对产品名称、代号、净含量、强度等级、生产许可证编号、生产地址、出厂编号、执行标准、日期等进行外观检查，同时验收合格证。

2. 砂

宜采用平均粒径 0.35 ~ 0.5 mm 的中砂，在使用前应根据使用要求过筛，筛好后保持洁净。

3. 磨细石灰粉

其细度过 0.125 mm 的方孔筛，累计筛余量不大于 13%，使用前用水浸泡使其充分熟化，熟化时间最少不少于 3 天。浸泡方法：提前备好大容器，均匀地往容器中撒一层生石灰粉，浇一层水，再撒一层生石灰粉，再浇一层水，依次进行，当达到容器的 2/3 时，将容器内放满水，使之熟化。

4. 石灰膏

石灰膏与水调和后具有凝固时间快，并在空气中硬化，硬化时体积不收缩的特性。用块状生石灰淋制时，用筛网过滤，储存在沉淀池中，使其充分熟化。熟化时间常温下一般不少于 15 天，用于罩面灰时不少于 30 天。使用时石灰膏内不得含有未熟化的颗粒和其他杂质。在沉淀池中的石灰膏要加以保护，防止其干燥、冻结和污染。

5. 纸筋

采用白纸筋或草纸筋施工时，使用前要用水浸透（时间不少于 3 周），将其捣烂为糊状，并要求洁净、细腻。用于罩面时宜用机械碾磨细腻，也可制成纸浆。要求稻草、麦秆应坚韧、干燥、不含杂质，其长度不得大于 30 mm，稻草、麦秆应经石灰浆浸泡处理。

6. 麻刀

必须柔韧干燥，不含杂质，长度一般为 10 ~ 30 mm，用前 4 ~ 5 天敲打松散并用石灰膏调好，也可采用合成纤维。

二、砂浆的拌制及使用

1. 搅拌时间

抹灰砂浆宜采用机械拌制。搅拌时间是砂浆均匀性和流动性的保证条件。如果搅拌时间短，混合不均匀，砂浆强度则难以保证；搅拌时间过长，材料则会离析，对流动性产生影响。一般情况下，搅拌时间应符合下列规定：水泥砂浆和水泥混合砂浆，搅拌时间不得少于 120 s；水泥粉煤灰砂浆和掺有外加剂的砂浆，搅拌时间不得少于 180 s；掺有有机塑化剂的砂浆，搅拌时间为 180 ~ 300 s。

2. 拌制方法及使用

（1）现场拌制砂浆时，各组分材料应采用重量计量。

（2）拌制水泥砂浆，应先将砂与水泥干拌均匀，再加水拌和均匀。

（3）拌制水泥混合砂浆，应先将砂与水泥干拌均匀，再加掺加料（石灰膏、黏土膏）和水拌和均匀。

（4）拌制水泥粉煤灰砂浆，应先将水泥、粉煤灰、砂干拌均匀，再加水拌和均匀。

（5）掺用外加剂时，应先将外加剂按规定浓度溶于水中，在投入拌和水时加入外加剂溶液，外加剂不得直接投入拌制的砂浆中。

（6）砂浆拌成后和使用时，均应盛入储灰器中，如砂浆出现泌水现象，应在砌筑前再次拌和。

（7）砂浆应随拌随用，水泥砂浆和水泥混合砂浆应分别在 3 h 和 4 h 内使用完毕；当施工期间最高气温超过 30℃时，应分别在拌成后 2 h 和 3 h 内使用完毕。对掺用缓凝剂的砂浆，其使用时间可根据具体情况延长。

三、砂浆的配制稠度

砂浆稠度的选择与砌体材料的种类、施工条件及气候条件等有关。对于吸水性强的砌体材料和高温干燥的天气，要求砂浆稠度要大些；反之，对于密实不吸水的砌体材料和湿冷天气，砂浆稠度可小些。

影响砂浆稠度的因素有：所用胶凝材料种类及数量，用水量，掺和料的种类与数量，砂的形状、粗细与级配，外加剂的种类与掺量，搅拌时间。

四、砂浆稠度检测方法

砂浆稠度检测使用的仪器是砂浆稠度测定仪，分为数显式和指针式两种，如图 3—1 和图 3—2 所示。砂浆稠度测定仪用来测定砂浆的流动性。砂浆的稠度是用一定几何形状和重量标准的圆锥体，以其自身的重量自由地沉入砂浆混合物中沉度的厘米数来表示。

1. 仪器结构

仪器主要由底盘、支架、示值系统、标准试锥和盛料容器等组成。底盘和立柱滑配连接，并用顶丝紧固，表盘升降和试锥架分别用螺母和手柄固定在立柱上，松开手柄，旋拧螺母，两架即可沿立柱上下移动。示值系统安装在升降架上，通过

图3—1　砂浆稠度测定仪（数显式）　　图3—2　砂浆稠度测定仪（指针式）

齿条滑杆和齿轮、指针及读盘，将标准试锥体的垂直沉入深度（直线距离）变成原运动反映到圆形表盘上，即为刻度值，表盘最小刻度值（沉入度）为 1 mm，螺钉可用来调整仪器的水平。

2. 技术性能

（1）测量范围：沉入深度为 0~14.5 cm，沉入体积为 0~229.3 cm³。

（2）最小刻度值（沉入深度）为 1 mm。

（3）锥体几何参数：圆锥角为30°，高度为 145 mm，锥体直径为 75 mm。

（4）锥体与滑杆合重：（300±2）g。

（5）外形尺寸：350 mm×300 mm×800 mm。

（6）质量：约20 kg。

3. 使用方法

（1）将拌制好的试验用砂浆放入锥形盛料器中，砂浆表面低于筒口 10 mm 左右。

（2）用捣棒自筒边向中心插捣25次（前12次插到筒底），然后轻轻地将筒摇动或敲击5~6下，使砂浆表面平整，随后将筒移至砂浆稠度测定仪底座上。调整锥体架，使标准锥体的尖端与砂浆混合物表面接触，并紧固好。

（3）调节螺母，使表针对准零位，移动表盘升降架，使齿条滑杆下端与试锥滑杆下端轻轻接触。

（4）松开螺钉，标准锥体以其自身重量沉入砂浆混合物中。

（5）待标准锥体不再往砂浆中沉入时拧紧螺钉，转动销母，按照齿条对应深度即可查表得相应的沉入体积，试锥沉入深度与体积对照见表3—5。

表 3—5 　　　　　　　试锥沉入深度与体积对照

深度 H（cm）	体积 V（cm³）	深度 H（cm）	体积 V（cm³）	深度 H（cm）	体积 V（cm³）
0.5	0.009	7.9	37.084	10.4	84.605
1.0	0.075	8.0	38.581	10.5	87.069
1.5	0.254	8.1	39.972	10.6	89.581
2.0	0.602	8.2	41.471	10.7	92.141
2.5	1.175	8.3	43.007	10.8	94.748
3.0	2.031	8.4	44.580	10.9	97.404
3.5	3.225	8.5	46.190	11.0	100.110
4.0	4.814	8.6	47.839	11.1	102.370
4.5	6.854	8.7	49.525	11.2	105.670
5.0	9.402	8.8	51.256	11.3	108.530
5.5	12.514	8.9	53.024	11.4	111.430
6.0	16.246	9.0	54.831	11.5	114.390
6.2	17.993	9.1	56.679	11.6	117.400
6.4	19.717	9.2	58.568	11.7	120.460
6.6	21.629	9.3	60.499	11.8	123.580
6.8	23.650	9.4	62.477	11.9	126.750
7.0	25.793	9.5	64.487	12.0	129.970
7.1	26.920	9.6	66.545	12.2	136.850
7.2	28.073	9.7	68.646	12.4	143.410
7.3	29.260	9.8	70.790	12.6	150.280
7.4	30.479	9.9	72.930	12.8	157.320
7.5	31.773	10.0	75.210	13.0	165.250
7.6	33.027	10.1	77.193	13.5	185.060
7.7	34.337	10.2	79.825	14.0	206.390
7.8	35.693	10.3	82.189	14.5	229.300

（6）圆锥形容器内的砂浆，只允许测定一次稠度。重复测定时，应重新取样测定。

（7）砂浆的稠度，应取 2 次试验结果的算术平均值（精确到 1 mm）。两次试验值差如大于 20 mm，则应另取砂浆搅拌后重新测定。

五、砂浆分层度检查方法

1. 仪器结构

砂浆分层度检查使用的仪器是砂浆分层度测定仪，如图 3—3 所示。砂浆分层度测定仪主要用于测得砂浆在运转及停放时的保水能力，

图 3—3　砂浆分层度测定仪

即稠度的稳定性。其内径为 15 cm，上节高 20 cm，下节高 10 cm，带底，用金属板制成，上下节用螺栓连接。

2. 使用方法

（1）将试样一次装入分层度筒内，待装满后，用木锤在容器周围距离大致相等的四个不同地方轻轻敲击 1～2 次，砂浆沉落到低于筒口，则应随时添加，然后刮去多余砂浆，并抹平。

（2）按测定砂浆流动性的方法，测定砂浆的沉入度值，以 mm 计。

（3）静置 30 min 后，去掉上面 200 mm 砂浆，倒出剩余的砂浆，放在搅拌锅中拌 2 min。

（4）再按测定流动性的方法，测定砂浆的沉入度，以 mm 计。

3. 砂浆分层度测定仪结果处理及精度要求

以前后两次沉入度之差为该砂浆的分层度，以 mm 计。砌筑砂浆的分层度不得大于 30 mm。保水性良好的砂浆，其分层度应为 10～20 mm。分层度大于 20 mm 的砂浆容易离析，不便于施工；但分层度小于 10 mm 者，硬化后易产生干缩开裂。

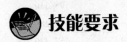 **技能要求**

砂浆取样试验

一、取样方法和试块留置

1. 抹灰砂浆强度试验以同一强度等级、同台搅拌机、同种原材料及配合比每一检验批（基础砌体可按一个检验批计）且不超过 250 m³ 的砌体为一取样单位。

2. 每一取样单位留置标准养护试块不少于两组（每组六个试块）。

3. 每一取样单位还应制作同条件养护试块不少于一组。

4. 试样要有代表性，每组试块的试样必须取自同一次拌制的抹灰砂浆拌和物。

二、试块制作

1. 制作砌筑砂浆试件时，将无底试模放在预先铺有吸水性较好的纸的普通黏土砖（砖的吸水率不小于 10%，含水率不大于 2%），试模内壁事先涂刷一薄层机油或隔离剂。

2.　放于砖上的纸，应为湿的新闻纸（或其他未粘过胶凝材料的纸），纸的大小要以能盖过砖的四边为准，砖的使用面要求平整，凡砖四个垂直面粘过水泥或其他胶结材料后，不允许再使用。

3.　向试模内一次注满砂浆，用捣棒均匀地由外向里按螺旋方向插捣 25 次，为了防止低稠度砂浆振捣后可能留下孔洞，允许用油灰刀沿模壁插数次，使砂浆高出试模顶面 6～8 mm。

4.　当砂浆表面开始出现麻斑状态时（15～30 min），将高出部分的砂浆沿试模顶面削去抹平。

三、砂浆试块养护

1.　试块制作后，一般应在正温度环境中养护（24±2）h，当气温较低时可适当延长时间，但不应超过 48 h，然后对试块进行编号并拆模。

2.　试块拆模后，在标准养护条件下继续养护至 28 天，然后进行试压。

3.　标准养护条件

（1）水泥混合砂浆应在温度为（20±3）℃，相对湿度 60%～80% 的条件下养护。

（2）水泥砂浆应在温度为（20±3）℃，相对湿度为 90% 以上的潮湿条件下养护。

（3）养护期间，试块彼此间隔不小于 10 mm。

四、砂浆强度等级评定

砂浆试件养护 28 天时送检。试验前，擦干净试块表面，然后进行试压。以 6 个试件测值的算术平均值作为该组试件的抗压强度值，精确至 0.1 MPa；当 6 个试件的最大值或最小值与平均值之差超过 20% 时，以中间 4 个试件的平均值作为该组试件的抗压强度值。

同一验收批砂浆试块抗压强度平均值必须大于等于设计强度等级所对应的立方体抗压强度；同一验收批砂浆试块抗压强度的最小一组平均值必须大于等于设计强度等级所对应的立方体抗压强度的 0.75 倍。

当施工或验收时出现试块缺乏代表性或数量不足、试验结果又异常或不合格及工程事故需要进一步分析事故原因等情况时，可采用现场检验方法对砂浆和砌体强度进行原位检测或取样检测，并判定其强度。

第2节 基层检查处理

 学习目标

➤ 了解基层处理前的检查项目。

➤ 掌握基层处理的步骤及抹灰基层处理不当造成的破坏及质量缺陷的预防方法。

➤ 掌握抹灰基层处理的各种方法。

 知识要求

一、基层处理前的检查项目

抹灰工程施工，必须在结构或基层质量检验合格后进行。必要时，应会同有关部门办理结构验收和隐蔽工程验收手续。对其他配合工种项目也必须进行检查，这是确保抹灰质量和进度的关键。抹灰前应对以下主要项目进行检查：

1. 门窗框及其他木制品安装是否正确并齐全，是否预留抹灰层厚度，门窗口高度是否符合室内水平线标高。

2. 吊顶是否牢固，标高是否正确。

3. 墙面预留木砖或铁件是否遗漏，标高是否正确，埋置是否牢固。

4. 水、电管线，配电箱是否安装完毕，有无漏项；水暖管道是否做过压力试验；地漏位置和标高是否正确。

5. 阳台栏杆、泄水管、水落管管夹、电线绝缘的托架、消防梯等安装是否齐全与牢固。

二、基层处理的步骤和方法

1. 基层处理的顺序

（1）了解基层材料，一般有砖墙、混凝土墙、加气混凝土砌块墙等。

（2）了解基层状况。

（3）根据不同情况，采用相应的处理方法。

（4）进行墙面处理。

2．基层处理的办法

基层处理的办法有水冲法、碱洗法、铲除法、砂磨法。

（1）水冲法

水冲法是最简单的一种基层处理方法，用水管接自来水冲洗基层表面的浮尘、杂物、松散物等。

（2）碱洗法

碱洗法是一种化学清洗方法。用氢氧化钠和碳酸钠或磷酸三钠配制成的高强度碱液，以软化、松动、乳化及分散基层中用水不容易直接冲洗掉的沉积物，如油渍、碱膜、沥青渍等。

（3）铲除法

对基层中比较坚硬、基层平面凹凸太多的地方，用小铲、刮刀、铁锤等将其剔凿铲除掉。

（4）砂磨法

把砂纸粘在硬板、塑料板或平滑的木条上，对基层中需要打磨的地方进行打磨处理。

三、抹灰基层处理不当造成的破坏及预防

在施工中，抹灰基层处理不当会造成抹灰层局部裂缝、空鼓和脱落，严重影响建筑工程质量。抹灰层出现裂缝和脱落现象大都与抹灰基层的施工质量及状态有关。抹灰层裂缝大多出现在材料不同的基层交接边缘上或在因基层变换材料导致吸收能力不同的部位上。钢筋混凝土或砖基层上有裂缝及抹灰层厚薄不一，均会因基层不平整而造成抹灰局部脱落。使用刚性（水泥）砂浆和吸湿性强的基层（如加气混凝土、轻型砖）时，抹灰层和基层常出现网状裂缝。

1．引起抹灰层质量缺陷的主要原因

抹灰层是否与基层粘接完好，是否产生裂缝，是评价抹灰和抹灰基层设计和施工的重要标准，因为只有具备这些条件，才能保证抹灰层的强度，并能更好地防止抹灰层受大气的影响。

抹灰基层的粗糙和吸湿性对抹灰层与基层的牢固黏结起很大作用。基层粗糙时，由于砂浆的机械结合作用存在握裹力，基层粗糙度小，但吸湿性较好时，由透过基层表面的水泥胶凝材料产生黏结作用。表面光滑、吸湿性差的垫层（如混凝土），只是使其表面变得粗糙（如用大粒砂喷浆，或在砂浆里掺入提高黏结力的化学附加剂）即可抹灰。

基层的吸湿能力不仅对抹灰的黏结力起作用，同时对新抹的灰也产生影响，基层在砂浆凝固之前从砂浆中吸收的水分对基层仍旧保持毛细作用，因而影响新抹灰的吸湿性能；还会因砂浆不能完全凝固（脱水）造成基层吃水过多，并因而影响基层的强度。此外，基层的吸湿性影响砂浆的和易性，因为砂浆凝固的速度较快，故需要迅速加工。吸湿性好的干燥基层（如砖面）可预先润湿，以防过多吸收砂浆中的水分；吸湿性较大的基层（如轻型砌砖块）可预先喷浆，以减少砂浆水分的丢失。要想使抹灰层不出现裂缝，必须防止抹灰基层热胀冷缩变形，这就要求基层的强度高于抹灰层的强度。锯末混凝土砌块抹灰基层就很难达到高强度的效果。其他材料的抹灰基层变形不会引起抹灰层超应力。若在大型砌砖块同其他建筑构件相接的部位上抹灰时，不同材料基层的边缘部位上的抹灰层有可能产生裂缝。

当基层材料不同时，应考虑在吸湿性较好的部位选配砂浆，以便达到砂浆易加工的目的，因为抹在吸湿性差基层上的砂浆凝固不牢，往往会剥落。抹灰层厚度差异较大的部位也会发生类似现象，因为较厚的砂浆层凝固较慢。

总之，墙面基层处理不好，清扫不干净，浇水不透；墙面平整度偏差太大，一次抹灰过厚；砂浆和易性差，硬化后黏结强度差；保护措施不良等都是墙面面层起壳脱落的主要原因。

2. 抹灰层质量缺陷的防治办法

（1）抹灰前应对抹灰班组进行严格的技术交底，一定要求工人在抹灰前事先对基层进行清扫和清除，将墙体表面的附灰和砌块间多出的灰浆块剔除，基层凹凸的地方剔凿平整，墙面凹陷处用1:2或1:3的水泥砂浆找平，基层太光滑时，应凿毛墙面或用水泥胶浆刷墙面，做好保护工作。对分包施工所污染至砌体上的污物清除干净，再进行抹灰工作，以增强抹灰层和基层的黏结力，杜绝由抹灰空鼓而引起的裂缝。同时，在墙体抹灰前，除应对墙体清扫和清除外，墙表面应无缺陷（孔隙）、无不平整的现象。还应对墙体施工洞口、脚手眼等临时洞进行封堵，对电气管线槽事先用砂浆和碎砖或细石混凝土填充。着重对砌体上最后一皮砖与结构梁或板底间的间隙进行充填密实修复工作，待其强度达到80%以上后，再进行抹灰施工。

（2）抹灰外墙的墙面必须采用强度相同的砂浆抹灰，严格控制现场施工用料，选用不含杂质的中砂进行砂浆搅拌，严格控制现场砂浆的施工配合比，计算和测量好每罐砂浆的水泥用量和外加剂掺量。干燥吸湿的基层必须预先润湿，吸湿性较大的光滑基层应在抹灰之前预先喷浆。

（3）在与其他建筑构件连接部位上及由不同材质构成的较大面积的基层上抹

灰时，应规定在抹灰层上设置变形缝。如允许加设分格条，应严格按规范要求留设分格条，并要求工人在抹灰间歇中留设规矩的施工槎。

（4）在狭窄的材质不同的基层部位上抹灰时，应先在该部位的两侧铺上抹灰网，然后再抹灰。抹灰网的最小搭接长度为 10 cm。然后再进行中层抹灰或面层抹灰。

（5）不宜在吸湿性强的大型砌块外墙、表面特别不平整的墙及部分混合墙（不正规的基层材料）上抹灰，也不能在矿渣料基层上直接抹灰。若这类基层必须抹灰时，应铺设抹灰网以加强抹灰。

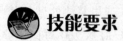 **技能要求**

基层的表面处理方法

1. 基层表面的浮灰应用清水冲洗或用扫帚和毛刷清扫干净。

2. 基层表面的污垢可用刮刀或钢丝刷进行清除。

3. 基层表面的油渍、碱膜、沥青渍等可用浓度为 5% ~ 10% 的火碱清洗，然后用清水洗净。

4. 墙上的脚手孔洞应堵塞严密，基层表面的孔洞应镶堵，水暖、通风管道通墙洞和剔墙管道必须用 1∶3 水泥砂浆堵严。

5. 砖墙、混凝土墙、混凝土梁头、窗台等凹凸太多的部位一般用铲刀、凿子将其剔平，如图 3—4 所示。

图 3—4　基层剔凿

6. 板条墙或板条顶棚板条间距过窄处，应予处理，一般要求间距达到 3 ~ 4 mm。

7. 金属网基层应铺钉牢固、平整，不得有挠曲、松动等现象。

8. 在木结构与砖石结构、木结构与钢筋混凝土结构相接处的抹灰基层，应铺设抗裂钢筋网（见图3—5），搭接宽度从缝边起每边不得小于 10 mm，并应铺钉牢固，不挠曲。

图 3—5　抹灰抗裂钢筋网

9. 粗糙的混凝土表面、灰缝和表面齐平的砖砌体需要抹灰时，应凿毛或划凹槽。凿毛修补的技巧有手提剁斧剁墙面、用铁锤和钢凿子凿毛、用凿毛机凿眼，如图 3—6 和图 3—7 所示。光滑、平整的混凝土表面如设计无要求时，可采用凿毛法或甩浆法处理。基层凿毛时，其受凿面积应达抹灰面积的 70% 以上，凿点数每米^{2}应达 200 点以上，并用钢丝刷蘸清水刷洗干净。混凝土楼板顶棚，在抹灰前需用 1∶0.3∶3 水泥石灰砂浆勾缝。

10. 混凝土垫层或炉渣垫层应符合标高，并拍实紧密，清理干净。

图 3—6　钢凿子凿毛

图 3—7　凿毛机凿眼

第4章

室内外墙面抹灰

第1节　室内墙面抹灰

学习单元1　室内墙面抹灰基础知识

学习目标

➤ 掌握室内墙面抹灰的定义、厚度及分类。

➤ 了解室内墙面抹灰的工艺流程。

知识要求

一、室内墙面抹灰的定义

建筑内墙抹灰是指将石灰、石膏、水泥砂浆及水泥石灰混合砂浆等无机胶凝材料抹在墙面上进行装饰的一种施工方法。

二、抹灰层厚度的确定

一般抹灰按常规要求分为普通、中级和高级三个等级，室内装饰砖墙抹灰的平均总厚度不得大于下列规定：普通抹灰不宜大于 20 mm，高级抹灰不宜大于 25 mm。

三、内墙抹灰分类

内墙抹灰主要有一般抹灰和装饰抹灰两种。一般抹灰包括墙面、墙裙、踢脚线等平面抹灰；装饰抹灰主要有拉毛、拉条和扫毛等，这几种抹灰形式比一般抹灰更富于装饰效果。

四、工艺流程

准备工作→基层处理→做标志→冲筋→阳角做护角→抹底层灰、中层灰→抹面层灰→清理。

 学习单元2　做标志

 学习目标

➤ 掌握室内墙面抹灰做标志的基本步骤。

 技能要求

做　标　志

一、准备工作

1. 施工前应检查验收主体结构表面平整度、垂直度和强度，三者必须符合设计要求，否则要进行返工。同时检查、验收门窗框、水电气预埋管道及各种预埋件的安装是否符合设计要求。

2. 在内墙抹灰过程中常用到的材料有：水泥、石灰膏、砂、麻刀和纸筋。常用的施工机械有：砂浆搅拌机、混凝土搅拌机、纸筋灰搅拌机及喷灰用的喷灰机械（组装车、输浆管、喷枪），还有刮杠机等。常用的施工工具有：钢抹子、铁抹子、木抹子、塑料抹子、木灰托、阳角抹子、阴角抹子、圆角阳抹子、捋角器、大小鸭嘴、托线板、水平尺、刮尺、尼龙线、八字靠尺、分格条等。

3. 标志块抹灰的厚度一般不得大于规定。例如，内墙普通抹灰20 mm、高级抹灰 25 mm，如超过 35 mm，厚度应采取加强措施。

二、操作步骤

1. 找规矩

用托线板和 2 m 靠尺检查墙面平整度和垂直度及阴阳角方正，根据实际情况确定抹灰层厚度。

2. 测量弹线

用一面墙做基准先用方尺规方，如房间面积较大，在地面上先弹出十字中心线，再按墙面基层的平整度在地面弹出墙角线，随后在距顶棚 50 cm 处，距墙面两阴角 10 ~ 20 cm 处，踢脚板上口弹水平或垂直线。再按地上弹出的墙角线往墙上翻引，弹出阴角两面墙上的墙面抹灰层厚度控制线（厚度包括中层抹灰），以此确定标准灰饼厚度。

3. 做标志块

在弹线的四周做 M15 水泥砂浆标志块（称为标准块，厚度为抹灰厚度，大小为 5 cm 左右见方）。先做上部两标准块，再用托线板或线锤以此标志块挂垂直线，以这两标准块为标准吊垂线，确定下部两标准块，使上、下标准块都在垂线上，如图 4—1 所示。

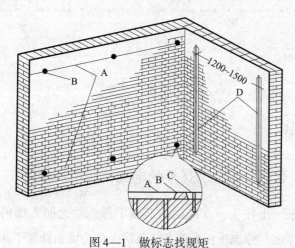

图 4—1　做标志找规矩

A—引线　B—标志块　C—钉子　D—标筋

4. 拉线补充标志块

四周标志块做好后，用钉子钉在左右标志块两头接缝里，再在标志块附近拴上小线挂水平通线，然后按间距 1.2 ~ 1.5 m 加补标志块。墙口、垛角处必须加补标志块，如图 4—2 所示。

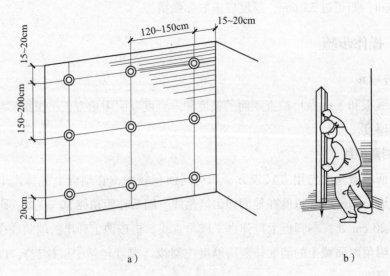

图 4—2　做标志块与托线板挂垂直

a) 做标志块　b) 托线板挂垂直

 学习单元 3　标筋、装档、刮杠与搓平

 学习目标

➤ 掌握标筋、装档、刮杠与搓平的操作步骤。

知识要求

一、标筋、装档、刮杠、搓平的定义、作用及材料

标筋也称冲筋、出柱头，就是在上下两个标志块之间先抹出一条 5～10 cm，与标志块等宽，厚度与标志块相平的条状灰层，作为墙面抹底子灰填平的标准。标筋应选用与抹灰中层相同的砂浆。

装档就是将两个标筋之间的基层区域，分层用底层灰和中层灰填平，表面平整，略高于标筋。

刮杠就是用中、短木杠按冲筋厚度将装档后的灰层刮平。

搓平就是用铁、木抹子旋转搓毛、搓平，使抹灰表面平整密实。

二、标筋筋宽与标筋之间间距的确定

标筋根数应根据房间宽度和高度确定，当墙面高度小于 3.5 m 时，宜做立筋，两筋间距不宜大于 1.5 m；墙面高度大于 3.5 m 时，宜做横筋，两筋间距不宜大于 2 m。

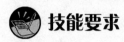 **技能要求**

标筋、装档、刮杠与搓平

一、标筋的操作步骤

具体做法是在两个标志块中间先抹一层，再抹第二遍凸出成八字形，要比标志块凸出 1 cm 左右，然后用木杠紧贴灰饼左上右下来回搓，直至把标筋搓得与标志块一样平为止。同时要将标筋的两边用刮尺修成斜面，使其与抹灰层接搓顺平。操作时应先检查木杠是否受潮变形，如果有变形应及时修理，以防止标筋不平，如图 4—3 所示。

图 4—3　标筋示意图

二、装档的操作步骤

一般情况下，标筋后 2 h 左右可开始装档，不宜过迟或过早。先薄薄抹一层底层灰，要低于标筋，待收水后再分层装档并使之与标筋相平。操作方法：一般两人一组，抹底层灰时，抹子贴紧墙面，用力要均匀，使砂浆与墙基体粘贴牢固，一次抹成，不宜多回抹子，控制平整，低于标筋。抹完一档底层灰，接着抹中层砂浆，提抹均匀，表面平整，略高于标筋 5～10 mm。

三、刮杠与搓平的操作步骤

1. 刮杠的方法

中层砂浆提抹均匀后，随即用中、短木杠按标筋刮平。使用木杠时，人应按马步站立，双手紧握木杠，用力均匀，由下往上刮平，并使木杠前进的一边略微翘起，操作时手腕要灵活，如图 4—4 所示。未刮到的凹处补抹砂浆再刮一遍，至表面平整为止。

2. 搓平的方法

当刮杠完成一块后，接着用铁抹子、木抹子旋转搓毛、搓平，使表面平整密实，如图 4—5 所示。

图4—4　刮杠　　　　　　　　　　　图4—5　搓平

 学习单元4　阳角做护角

 学习目标

➤ 掌握阳角做护角的作用及步骤。

 知识要求

一、阳角做护角的工具

采用的工具有阴抹子、阳抹子或采用 3 m 长的阳角尺、阴角尺。

二、阳角做护角的顺序、位置及作用

阳角做护角必须在抹大面前做，护角做在室内的门窗洞口及墙面、柱子的阳角处。其作用是保证砂浆的强度，碰撞时不易损坏。

三、阳角做护角的具体要求

阳角做护角的高度应不小于 1.8 m，每侧宽度不小于 5 cm，应用 M20 以上的水泥砂浆抹护角。

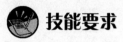 **技能要求**

阳角做护角

抹护角时，以墙面标志块为依据。首先将阳角用方尺规方，靠门框一边，以门框离墙面的空隙为准，另一边以标志块厚度为依据。最好在地面上画好准线，按准线粘好靠尺板，并用托线板吊直，方尺找方。然后在靠尺板的另一边墙角面分层抹水泥砂浆，护角线的外角与靠尺板外口平齐；一边抹好后，再把靠尺板移到已抹好护角的一边，用钢筋卡稳住，用线锤吊直靠尺板，把护角的另一面分层抹好。然后，轻轻地将靠尺板拿下，待护角的棱角稍干时，用阳角抹子和水泥浆捋出小圆角。最后在墙面处用靠尺板按要求尺寸沿角留 5 cm，将多余砂浆成 40°斜面切掉，墙面和门框等落地灰应清扫干净，如图 4—6 所示。

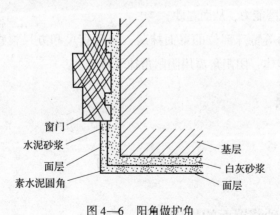

图 4—6　阳角做护角

学习单元 5　抹灰罩面

 学习目标

➢ 掌握各种一般抹灰罩面做法。

 知识要求

一、一般抹灰罩面的分类

一般抹灰罩面分为石灰砂浆罩面、混合砂浆罩面、纸筋石灰罩面、石膏罩面、麻刀灰罩面、水泥砂浆罩面等。

二、一般抹灰罩面的要求

一般抹灰罩面，面层压光、收光一定要在水泥初凝前进行。压光时间过早或过迟都会影响压光质量和观感效果。压光过早，水泥的水化作用刚刚开始，凝胶尚未全部形成，游离水分还比较多，虽经压光，表面还会出现水光（即压光后表面游浮一层水），对面层砂浆的强度抗磨能力很不利；压光过迟，水泥已终凝硬化，不但操作困难，无法消除面层表面的毛细孔及抹痕，而且还会扰动已经硬结的表面，也将大大降低砂浆的强度和抗磨能力，从而起砂。

另外，阴阳角等特殊部位的罩面抹灰，应用直尺和方尺检查，并进行捋光处理，为使其形成整体，阴阳角需用阴阳角抹子捋光。

 技能要求

做抹灰罩面

一、做石灰砂浆罩面的操作步骤

石灰砂浆罩面应在中层砂浆五六成干时进行，如中层较干，须洒水湿润后再进行。一般底层用1∶3石灰砂浆打底，用1∶2的石灰砂浆罩面，厚度为2 mm。先在贴近顶棚的墙面最上部抹出一抹子宽面层灰，再用木杠横向刮直，缺灰处应及时补、刮平，在符合尺寸时用木抹子搓平，用铁抹子溜光。然后把墙面两边阴角同样抹出一抹子宽面层灰，用托线板找直，用木杠刮平，木抹子搓平，钢抹子溜光。抹中间大面时要以抹好的灰条作为标筋，一般采用横向抹，抹时要求一抹子接一抹子，接槎平整，薄厚一致，抹纹顺直。抹完一面墙后用木杠依标筋刮平，缺灰时要及时补上，用托线板挂垂直。检查无误后，用木抹子搓平，用钢抹子压光。

二、做混合砂浆罩面的操作步骤

混合砂浆罩面一般多为水泥石灰砂浆，应在中层五六成干时进行，用铁抹子抹灰，刮尺刮平，木抹子搓平，钢抹子收光养护。

三、做纸筋石灰罩面的操作步骤

纸筋石灰罩面一般应在中层砂浆六七成干后进行（手按不软，但有指印）。如底层砂浆过于干燥，应先洒水湿润，再抹面层。抹灰操作一般使用钢皮抹子或塑料抹子，两遍成活，厚度不大于 2 mm。一般由阴角或阳角开始，自左向右进行，两人配合操作。一人先竖向（或横向）薄抹一层，要使纸筋石灰与中层紧密结合，另一人横向（或竖向）抹第二层（两人抹灰的方向应垂直），抹平，并要压光溜平。压平后，用排笔或茅柴帚蘸水横刷一遍，使抹光表面色泽一致，用钢抹子再压实、揉平一次，则面层更为细腻光滑。阴阳角分别用阴阳角抹子捋光，随手用毛刷子蘸水将门窗边口阳角、墙裙和踢脚板上口刷净。纸筋石灰罩面的另一种做法是：两遍抹后，稍干就用压式塑料抹子顺抹子纹压光。经过一段时间，再进行检查，起泡处重新压平。

四、做石膏罩面的操作步骤

石膏罩面用于高级室内抹灰，抹压后表面平整、光洁、细腻。顺序是先用 1:2.5 石灰砂浆打底，再用 1:(2~3) 麻刀灰找平。不准用水泥砂浆或水泥混合砂浆打底，以防泛潮或面层脱落，并要求充分干燥，抹面层灰时宜洒少量清水湿润底灰表面，以便将石膏灰浆涂抹均匀。石膏的凝结速度比较快，初凝时间不小于 6 min，终凝时间不大于 30 min，所以在抹石膏灰墙面时要掺入一定量的石灰膏，随拌随抹，掌握好速度和相互配合。如果罩面面积较大，最好 2~3 人一起操作，共同完成抹平、抹光、压光。

五、做麻刀灰罩面的操作步骤

麻刀灰罩面与纸筋石灰罩面操作方法相同。但麻刀与纸筋纤维的粗细有很大区别，纸筋容易捣烂，能形成纸浆状，故制成的纸筋石灰比较细腻，易于操作。用它做罩面灰厚度不超过 2 mm。而麻刀的纤维比较粗，不易捣烂，用它制成的麻刀石灰抹面厚度按要求不得大于 3 mm。如果厚了，则面层易产生收缩裂缝，影响工程质量，为此应采取两人操作的方法，一人抹灰，另一人赶平压光。

六、做水泥砂浆罩面的操作步骤

水泥砂浆罩面应在中层五六成干时进行，用铁抹子抹灰，刮尺刮平，最后用木抹子搓平，钢抹子两次压光养护。

第 2 节　室外墙面抹灰

 学习单元 1　室外墙面抹灰基础知识

 学习目标

➤ 掌握室外墙面抹灰的目的。

➤ 了解室外墙面抹灰的工艺流程。

➤ 掌握外墙抹灰施工吊垂直、套方、做标志块、标筋、抹底层灰的步骤。

 知识要求

一、外墙面抹灰的目的

建筑外墙装饰的主要目的是保护墙体结构，防止墙体结构直接受到风雨的侵袭和日晒，防止有害气体的腐蚀和微生物的侵蚀，并且使建筑物的色彩、质感和线型等外观效果与周围环境取得和谐与统一，美化环境，同时提高建筑物的使用价值。

外墙装饰材料的选用、装饰施工的技术水平与质量，将直接关系到建筑物的质量、成本和维修费用，自然也会影响到一个城市或地区的人文景观。

二、工艺流程

基层处理→吊垂直、套方、做标志块、标筋→抹底层、中层灰→粘分格条→抹面层灰→起分格条→养护。

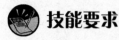 技能要求

吊垂直、套方、做标志块、标筋和抹底层、中层灰

一、吊垂直、套方的操作方法

外墙面抹灰与内墙抹灰一样要挂线做吊垂直、套方。按外墙面上已弹好的基准线，分别在门窗口角、垛、墙面等处吊垂直线、套方。

二、做标志块、标筋的操作方法

因外墙面由檐口到地面，抹灰看面大，门窗、阳台、明柱、腰线等看面都要横平竖直，而抹灰操作则必须一步架一步架往下抹，因此，外墙抹灰找规矩要在四角先挂好自上至下垂直通线（多层及高层楼房应用钢丝线垂下），然后根据大致决定的抹灰厚度，每步架大角两侧弹上控制线，再拉水平通线，并弹水平线做标志块，然后做标筋。

当灰饼砂浆达到七八成干时，即可用与抹灰层相同的砂浆标筋，标筋根数应根据房间的宽度和高度确定，一般标筋宽度为 5 cm。两筋间距不大于 1.5 m。当墙面高度小于3.5 m 时宜做立筋，大于 3.5 m 时宜做横筋。做横向标筋时，做灰饼的间距不宜大于 2 m。

三、抹底层、中层灰的操作方法

外墙抹底层、中层灰及装档、刮杠的操作方法同内墙面抹灰。一般两人一组，抹底层灰时，抹子贴紧墙面用力要均匀，使砂浆与墙基体粘贴牢固，分层抹成，每层厚 5~7 mm。不宜多回抹子，控制平整，低于标筋。抹完一档底层灰，接着抹中层砂浆，提抹均匀，表面平整，略高于冲筋 5~10 mm。随即用中、短木杠按冲筋刮平。使用木杠时，人应按马步站立，双手紧握木杠，用力均匀，上下移动，并使木杠前进的一边略微翘起，转腕灵活顺畅，未刮到的凹处补抹砂浆再刮一遍，使表

面平整为止。木杠刮平后，用木抹子打搓一遍，使表面平整密实。

 学习单元 2　粘分格条

 学习目标

➤ 掌握外墙抹灰施工粘分格条的做法。

 知识要求

一、粘分格条的作用

室外墙面抹灰应进行分格处理，这样便于施工，增加立面美观，减少抹面收缩裂缝。

二、分格条的分类

分格条有一次性使用的分格条和可循环使用的分格条。一次性分格条，如塑料分格条，如图4—7所示。按分格线贴、钉在墙面上抹灰后留在墙面内。可循环使用的分格条，如木质分格条，应提前一天在水池中泡透，以防止分格条使用时变形。另外，利用水分蒸发和木条的干缩原理有利于抹灰完毕起出分格条。分格条粘贴前，应按设计要求的尺寸排列分格和弹墨线，弹墨线应按先竖向、后横向顺序进行。

图4—7　塑料分格条

 技能要求

粘 分 格 条

为了避免罩面砂浆收缩后产生裂缝，应在底层抹灰六七成干后，再弹线粘分格条。粘贴分格条时，分格条的背面用抹子抹素水泥浆后即可粘贴于墙面。粘贴时必须注意垂直方向的分格条要粘在垂直线的左侧，水平方向的分格条要粘在水平线的下口，这样便于观察和操作。

粘完分格条后要认真校正其平整度，并将分格条两侧用水泥浆或水泥砂浆抹成与墙面呈八字形。水平分格条要先抹下口，如果当天抹面层灰，分格条两侧八字斜角抹成45°，如图4—8a所示。如当天不抹罩面灰的"隔夜条"，两侧则抹成60°，如图4—8b所示。分格条既是施工缝，又是立面划分，对取掉木分格条的缝，用防水砂浆认真勾嵌密实。

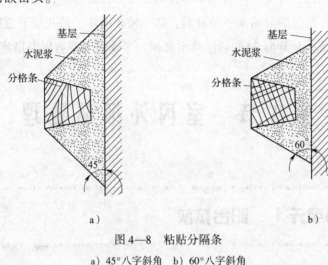

图4—8 粘贴分隔条

a）45°八字斜角 b）60°八字斜角

 **学习单元3 外墙面层灰**

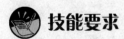 **学习目标**

➤ 掌握外墙面层灰、起分格条、养护的施工步骤。

技能要求

抹外墙面层灰、起分格条、养护

一、抹外墙面层灰的操作步骤

抹面层灰前，底层、中层抹灰应平整，以便与面层抹灰黏结牢固。面层灰砂浆配合比可采用1:2.5的水泥砂浆或1:0.5:3.5的水泥混合砂浆。应分两遍抹开，与分格条齐平，用刮杠横竖刮平，再用木抹子搓毛，待面层表面无明水后，用水刷蘸水顺垂直地面方向轻刷一遍，使其面层颜色均匀一致。

二、起分格条、养护的操作步骤

待罩面灰表面无明水时，用软毛刷蘸水垂直于地面向同一方向轻刷一遍，以保证面层灰颜色一致，避免出现收缩裂缝，随后将分格条起出，待灰层干后，用素水泥膏将缝勾好。难起的分格条不要硬起，防止棱角损坏，待灰层干透后补起，并补勾缝。水泥砂浆抹灰常温 24 h 后应喷水养护。冬季施工要有保温措施。

第3节　室内外细部处理

 学习单元1　阳台抹灰

 学习目标

➢ 掌握阳台抹灰施工步骤。

 技能要求

阳 台 抹 灰

一、阳台抹灰的要求

阳台抹灰，是室外装饰的重要部分，要求各个阳台上下成垂直线，左右成水平线，进出一致，各个细部颜色一致。

二、阳台抹灰的操作步骤

阳台抹灰找规矩的方法是，由最上层阳台突出阳角及靠墙阴角往下挂垂线，找出上下各层阳台进出误差及左右垂直误差，以大多数阳台进出及左右边线为依据，误差小的，可以上下左右顺一下，误差太大的，要进行必要的结构处理。对于各相邻阳台要拉水平通线，对于进出及高低差太大的也要进行处理。根据找好的规矩，确定各部位大致抹灰厚度，再逐层逐个找好规矩，做灰饼抹灰。最上层两头最外边两个抹好后，以下都以这两个挂线为准做灰饼。抹灰还应注意排水坡度方向，要顺向阳台两侧的排水孔，不要抹成倒流水。阳台底面抹灰与顶棚抹灰相同。清理基体（层）、湿润、刷素水泥浆，分层抹底层、中层水泥砂浆，面层有抹纸筋灰的，也有刷白灰水的。阳台上面用 1∶3 水泥砂浆做面层抹灰。阳台挑梁和阳台梁也要按规矩抹灰，高低进出要整齐一致，棱角清晰。

三、注意事项

抹灰前要注意清理基层，把混凝土基层清扫干净并用水冲洗，用钢丝刷将基层刷到露出混凝土新槎。

 学习单元 2　柱抹灰

 学习目标

➢ 掌握柱抹灰施工步骤。

 知识要求

柱按材料一般可分为砖柱、钢筋混凝土柱，按其形状又可分为方柱、圆柱、多角形柱等。室内柱一般用石灰砂浆或水泥砂浆抹底层、中层，麻刀石灰或纸筋石灰抹面层；室外柱一般常用水泥砂浆抹灰。

 技能要求

柱　抹　灰

一、方柱抹灰的操作方法

1. 基层处理

首先将砖柱、钢筋混凝土柱表面清扫干净、浇水湿润。在抹混凝土柱前可刷素

水泥浆一遍。然后找规矩。如果方柱为独立柱，应按设
计图样所标志的柱轴线，测量柱子的几何尺寸和位置，
在楼地面上弹上垂直两个方向的中心线，并放上抹灰后
的柱子边线（注意阳角都要规方），然后在柱顶卡固上
短靠尺，拴上线锤往下垂吊，并调整线锤对准地面上的
四角边线，检查柱子各方面的垂直和平整度。如果不超
差，在柱四角距地坪和顶棚各 15 cm 左右处做灰饼，如
图 4—9 所示。如果柱面超差，应进行处理，再找规矩
做灰饼。

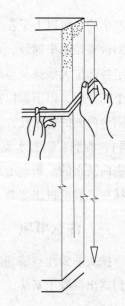

2. 找中心线

当有两根或两根以上的柱子，应先根据柱子的间距
找出各柱中心线，用墨斗在柱子的四个立面弹上中心线，
然后在一排柱子两侧（即最外的两个）柱子的正面上外
边角（距顶棚 15 cm 左右）做灰饼，再以此灰饼为准，垂直挂线做下外边角的灰
饼；再上下拉水平通线做所有柱子正面上下两边灰饼，每个柱子正面上下左右共做
四个灰饼。

图4—9　独立方柱找规矩

3. 做灰饼

根据正面的灰饼用套板套在两端柱子的反面，再做两上边的灰饼。根据这个灰
饼，上下拉水平通线，做各柱反面灰饼。正面、反面灰饼做完后，用套板中心对准
柱子正面或反面中心线，做柱两侧的灰饼。

4. 抹灰

柱子四面灰饼做好后，应先往侧面卡固八字靠尺，抹正反面，再把八字靠尺卡
固正、反面，抹两侧面，底层、中层抹灰要用短木杠刮平，木抹子搓平，第二天抹
面层压光。

二、圆柱抹灰的操作方法

1. 基层处理

首先将砖柱、钢筋混凝土柱表面清扫干净、浇水湿润。在抹混凝土柱前可刷素
水泥浆一遍，然后找规矩。

2. 找规矩

独立圆柱找规矩，一般也应先找出纵横两个方向的中心线，并弹上两个方向的
四根中心线，按四面中心点，在地面分别弹出四个点的切线，就形成了圆柱的外切

四边形。然后用缺口木板方法，由上四面中心线往下吊线锤，检查柱子的垂直度，如不超差，先在地面弹上圆柱抹灰后的外切四边形，就按这个制作圆柱的抹灰套板，如图 4—10 所示。

3．做灰饼、冲筋

可根据地面上放好的线，先在柱四面中心线处的下面做四个灰饼，然后用缺口板挂线锤做柱上部四个灰饼。上下灰饼挂线，中间每隔 1.2 m 左右做几个灰饼。然后先按灰饼标志厚度，在水平方向抹一圈灰带，安上套板，紧贴灰饼转动，做出圆冲筋，如图 4—11 所示。

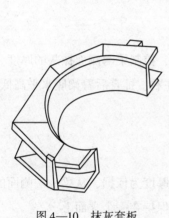

图 4—10　抹灰套板

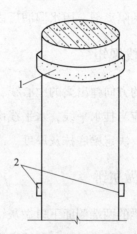

图 4—11　独立圆柱抹灰方法示意图
1—冲筋　2—灰饼

根据冲筋标志，按要求抹底层与中层砂浆，用木杠竖直紧贴上下圆冲筋，横向刮动，刮平圆柱抹灰面，等砂浆收水后，用木抹子打磨，视面层抹灰要求处理底灰表面，如面层是水泥砂浆抹灰或装饰抹灰，则要求刮毛底灰层表面，隔夜后再抹面。罩面时先用罩面套板做出冲筋，然后表面抹灰，刮平，打磨，最后压光表面。打磨和压光作业时，应使木抹子和钢抹子沿抹灰面呈螺旋形横向打磨和压光。

 学习单元 3　梁抹灰

 **学习目标**

➢ 掌握梁抹灰施工步骤。

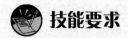 **技能要求**

梁 抹 灰

一、清理基层

室内梁抹灰一般多用水泥混合砂浆抹底层、中层，再用纸筋石灰或麻刀石灰罩面、压光；室外梁常用水泥砂浆或混合砂浆。抹灰前应认真清理梁的两侧及底面，清除模板的隔离剂，用水湿润后刷水泥素浆或洒 1:1 水泥砂浆一道。

二、找规矩

顺梁的方向弹出梁的中心线，根据弹好的线，控制梁两侧面抹灰的厚度。梁底面两侧也应当挂水平线，水平线由梁往下 1 cm 左右，扯直后看梁底水平高低情况，阳角方正，决定梁底抹灰厚度。

三、做灰饼

可在梁的两端侧面下口做灰饼，以梁底抹灰厚度为依据，从梁一端侧面的下口往另一端拉一根水平线，使梁两端的两侧面灰饼保持在一个立面上。

四、抹灰

抹灰时，可采用反贴八字靠尺板的方法，先将靠尺卡固在梁底面边口，先抹梁的两个侧面，抹完后再在梁两侧面下口卡固八字靠尺，再抹底面。抹灰方法与顶棚相同。抹完后，立即用阳角抹子把阳角捋光。

 学习单元 4   踢脚板抹灰

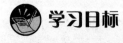 **学习目标**

➢ 掌握踢脚板抹灰施工步骤。

 **知识要求**

一、踢脚板抹灰的作用

厨房、厕所的墙脚等经常潮湿和易碰撞的部位，要求防水、防潮、坚硬。因此，抹灰时往往在室内设踢脚板，厕所、厨房设墙裙。

二、踢脚板抹灰的做法及厚度

通常用1:3水泥砂浆抹底层和中层，用1:2.5水泥砂浆抹面层。抹灰时根据墙的水平基线用墨斗子或粉线包弹出踢脚板、墙裙或勒脚高度尺寸水平线，并根据墙面抹灰大致厚度决定踢脚板的厚度。

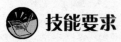 **技能要求**

踢脚板抹灰

凡阳角处，用方尺规方，最好在阳角处弹上直角线。规矩找好后，将基层处理干净，浇水湿润，按弹好的水平线，将八字靠尺板粘嵌在上口，靠尺板表面正好是踢脚板的抹灰面，用1:3水泥砂浆抹底层、中层，再用木抹子搓平、扫毛、浇水养护。待底层、中层砂浆六七成干时，就应进行面层抹灰。面层用1:2.5水泥砂浆先薄刮一遍，再抹第二遍。先抹平八字靠尺、搓平、压光，然后起下八字靠尺，用小阳角抹子捋光上口，再用压子压光。还可以在抹底层、中层砂浆时，先不嵌靠尺板，而在抹完罩面灰后用粉线包弹出踢脚板的高度尺寸线，把靠尺板靠在线上口用抹子切齐，再用小阳角抹子捋光上口，然后再压光。

 学习单元5　墙裙、里窗台抹灰

 **学习目标**

➢ 掌握墙裙、里窗台抹灰施工步骤。

 **知识要求**

一、墙裙、里窗台抹灰的作用

墙裙、里窗台均为室内易受碰撞、易受潮湿部位，通过抹灰可以有效保护墙裙、里窗台不受破坏，增强墙裙、里窗台的耐久性。

二、墙裙、里窗台抹灰的材料要求

一般用 1:3 水泥砂浆作底层，用 1:（2~2.5）的水泥砂浆罩面压光。其水泥强度等级不宜太高，一般选用 42.5R 级水泥。墙裙、里窗台抹灰是在室内墙面、顶棚、地面抹灰完成后进行。其抹面一般凸出墙面抹灰层 5~7 mm。

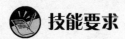 **技能要求**

墙裙、里窗台抹灰

一、墙裙抹灰的操作方法

墙裙抹灰前要清理基体，并浇水湿润。做出中层抹灰的灰饼，在墙面充分洒水后分层抹灰。面积大的墙裙，面层抹灰如无分格线，应挂垂线，用小块薄木作为灰饼材料做出面层厚度控制标准。抹灰时应按灰饼刮冲筋，随即去掉木块用砂浆补平面层。按"冲筋→抹灰→刮平→木抹子打磨泛浆→压光"顺序作业。小块墙裙不需做灰饼，只要抹灰后刮平即可，但凸出墙面的边口压光须一次成活。

二、里窗台抹灰的操作方法

里窗台抹灰必须在窗台、窗框与下冒头缝镶嵌密实后进行。

操作方法是：窗台基体清理完毕，侧边的石灰浆清除干净，洒水并用少许砂浆刮浆。夹上靠尺抹第一层灰厚度到框的第一条边口。隔夜后，洒少许水，先抹窗台面的砂浆，让其收水凝结。压上靠尺，抹窗台侧面，并抹出同样宽度的窗台肩架，收水后刮平表面，用钢抹子压光。翻转八字靠尺，平行窗框并夹牢，使抹灰面层咬着窗框第二条边口，兜方抹面层。将表面沿靠尺口刮平，用木抹子打磨后压光面层。翻转靠尺，切齐侧面下口并压光。切齐两肩架，注意其垂直方正。用捋角器捋出窗台小圆角，再压光表面成活。

学习单元6 腰线抹灰

 学习目标

➤ 掌握腰线抹灰施工步骤。

 知识要求

一、腰线的定义

腰线是墙面水平方向，凸出抹灰层的装饰线。

二、腰线的分类

腰线可分为平墙腰线与出墙腰线两种，如图4—12所示。

三、腰线抹灰的施工要求

腰线抹灰要注意使腰线宽度一致，挑出墙距一致，棱角方正、顺直，顶面有足够的朝外泛水坡度，底面要做滴水槽或滴水线。

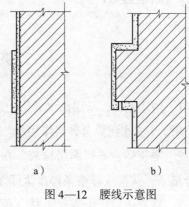

a) b)

图4—12 腰线示意图

a) 平墙腰线 b) 出墙腰线

 技能要求

腰线抹灰施工步骤

平墙腰线是在外墙抹灰完成后，在设计部位用水泥砂浆分层抹成凸出墙7~8 mm的水泥砂浆带，刮平、切齐边口即可。

出墙腰线是结构上挑出墙面的腰线，抹灰方法与压顶抹灰相同。如腰线带窗过梁，窗天盘抹灰与腰线抹灰一起完成，并做滴水槽。

学习单元7 挑檐抹灰

 学习目标

➢ 掌握挑檐抹灰施工步骤。

 知识要求

挑檐是指天沟、遮阳板、雨篷等挑出墙面用作挡雨、避阳的结构物，一般挑出宽度不大于50 cm。主要是为了方便做屋面等部位的排水，对外墙也起到保护作用。

 技能要求

挑 檐 抹 灰

1. 清理基体，基层洒水后压上靠尺用1:3水泥砂浆对立面打底，挂落线边口灰。底面用1:1:3水泥混合砂浆作底灰。抹底面时边口处留出50～60 mm宽度不抹。

2. 隔夜后，进行面层抹灰。在底面距立面抹灰面60 mm处弹线，依线嵌挂落线分格条，挂落线分格条厚度大于10 mm。

3. 靠直边口压上靠尺，抹立面面层。稍收水后，刮平立面，使立面垂直，翻转靠尺紧贴立面下口，使靠尺略低于分格条，抹上底面后使挂线呈勾脚状平面，刮平表面后压光，如图4—13所示。

4. 转靠尺，紧贴立面上口，抹顶面砂浆，先在顶面洒水，随边口处洒干水泥吸水。

5. 刮去边口，用木抹子磨边口并压光，翻转靠尺，压光底面挂落线，用短刮尺紧托底面边口，用钢抹子压光立面和下口，用捋角器捋出上口圆角。对已收水的顶层用木抹子磨面，压光顶面。整理立面

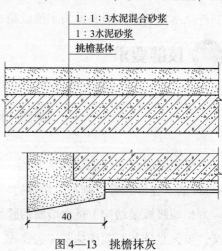

图4—13 挑檐抹灰

抹纹，整修立角。去掉挂落线的分格条。

6. 修补挂落线里口石灰砂浆面层。隔夜后，对底面石灰砂浆洒水罩面、压光、成活。

 学习单元 8　滴水线抹灰

 学习目标

➤ 掌握滴水线抹灰施工步骤。

 知识要求

在外窗台板下边一般都会有一条凹形的线条，那是为了防止雨水延板流到墙里的设计，雨水在这条线外就会跌落，这就是滴水线，适用于建筑工程中有阻断滴水要求的部位，一般滴水线（槽）做在窗过梁下口，若混凝土表面很光滑应对其表面进行"毛化处理"。

在抹檐口、窗台、窗楣、阳台、雨篷、压顶和突出墙面的腰线及装饰凸线时，应将其上面做成向外的流水坡度，严禁出现倒坡，下面做滴水线（槽），以免水流入墙面，滴水槽距墙面不小于 40 mm。

 技能要求

滴水线抹灰

在抹檐口、窗台、窗楣、阳台、雨篷、压顶和突出墙面的腰线及装饰凸线时，这些部位的上沿一般都做泛水，坡度不小于 1∶6，下口通常采用滴水线（俗称鹰嘴）的做法（具体部位应参照施工图样或与设计单位协商）。滴水线的施工应与墙面抹灰同时完成，突出底面至少 10 mm。要求做到顺直一致、四周交圈。做法如下：

1. 基层处理：将残存的砂浆、污垢、灰尘清扫干净，用水润湿，"甩毛"或"凿毛"。

2. 吊垂直、找水平：边角部位应吊垂直，底口应在同一水平线上，这些部位应提前弹墨线或拉通线控制。

3. 施工时应先完成上面及底面抹灰，然后将尺板夹于抹好的底面上，尺板坡口朝外，用事先弹好的水平线找水平，使之在同一水平线上，并且四周交圈，然后完成侧面抹灰，这样底口就形成了形似"鹰嘴"的滴水线，如图4—14所示。

4. 拆下尺板后，再将滴水线压光、溜直，保证观感质量。

5. 滴水线也可在结构施工时做出，在女儿墙小沿支模时，用 φ50 mm 的架子管做底模，里口用木条垫平，外口利用架子管本身形状浇筑成"鹰嘴"，拆模后再抹灰修整。

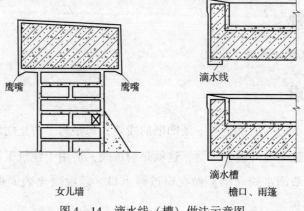

图4—14 滴水线（槽）做法示意图

 学习单元9 压顶抹灰

 学习目标

➤ 掌握压顶抹灰施工步骤。

 技能要求

压 顶 抹 灰

压顶是指墙顶端起遮盖墙体、防止雨水沿墙流淌的挑出部分。

压顶抹灰一般采用1:3水泥砂浆打底，1:（2～2.5）水泥砂浆抹面（见图4—15）。拉通线找出立面和顶面的抹灰厚度，做出灰饼标志。抹灰时需两人配合，里外相对操作。洒水后上靠尺抹底灰，底灰要将基体全部覆盖。厚度和挑口进出要基本一致。待砂浆收水后划麻，隔夜后抹面层。在底面弹线窝嵌滴水槽分格条，按拉线面。稍待片刻，表面收水后，用靠尺紧托底面边口，用钢抹子压光立面和下口。用捋角器将上口捋成圆角，撬出底面分格条，整理表面，成活。

压顶要做成泛水，一般女儿墙压顶泛水朝里，以免压顶积灰，遇雨水沿女儿墙向外流淌，污染墙面。压顶泛水坡度宜在 10% 以上，坡向里面。

如不采用嵌条滴水槽方法，压顶底面抹面层应做鹰嘴滴水线，即向里勾脚 5 mm 以上。

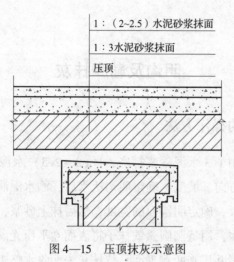

1 :（2~2.5）水泥砂浆抹面

1 : 3 水泥砂浆抹面

压顶

图 4—15　压顶抹灰示意图

 学习单元 10　明沟及勒脚抹灰

 学习目标

➤ 掌握明沟及勒脚抹灰施工步骤。

 知识要求

一、明沟及勒脚的定义

明沟又称露天下水道，是靠近勒脚下部设置的排水沟。

勒脚是建筑物外墙的墙脚，即建筑物的外墙与室外地面或散水部分的接触墙体部位的加厚部分。一般来说，勒脚的高度不应低于 700 mm。

二、明沟及勒脚的作用

明沟的设置是为了防止因积水渗入地基而造成建筑物的下沉。勒脚的作用是防止地面水、屋檐滴下的雨水的侵蚀及外力对该部位的撞击，从而保护墙面，保证室内干燥，提高建筑物的耐久性。也能使建筑的外观更加美观。勒脚部位外抹水泥砂浆或外贴石材等防水耐久的材料，应与散水、墙身水平防潮层形成闭合的防潮系统。

 技能要求

明沟及勒脚抹灰

一、明沟抹灰的操作方法

明沟抹灰一般采用 1:3 水泥砂浆打底，1:(2~2.5) 水泥砂浆抹面。清理明沟基体，检查明沟排水方向、坡度，确定明沟泛水后，洒水湿润。在明沟两侧平面抹上水泥砂浆再压上靠尺，确定明沟面的宽度，然后抹上砂浆，用刮尺将底面刮成圆弧状。待抹面水泥收水，用特制圆弧铁抹子将表面卷平压光。翻转靠尺紧贴圆弧两边，引直两平面；刮平并压光两侧平面。待抹灰表面收水略干硬些，稍洒水卷压底面，压光两侧平面倒圆角，成活。

二、勒脚抹灰的操作方法

勒脚的做法包括：抹水泥砂浆、刷涂料勒脚；贴石材勒脚；面砖勒脚等防水耐久的材料。勒脚要在明沟完成后或与明沟同时作业。勒脚抹灰方法与墙裙抹灰相同。无特殊设计要求时，勒脚凸出墙面的厚度为 7~10 mm，其上口必须压实压平。必要时压成坡状，里高外低坡向室外。

 学习单元 11　窗套及外窗台抹灰

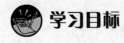 **学习目标**

➤ 掌握窗套及外窗台抹灰施工步骤。

知识要求

　　窗套是指在窗洞口的两个立边垂直面，可突出外墙形成边框也可与外墙平齐，既要立边垂直平整又要满足与墙面平整，故此质量要求很高，用于保护和装饰窗框。窗套包括筒子板和贴脸，与墙连接在一起。如图4—16所示，窗套包括A面和B面；筒子板指A面，贴脸指B面。窗套抹灰是指沿窗洞的侧边和天盘底（如无挑出窗台要包括窗台），用水泥砂浆抹出凸出墙面的围边。窗台分为里、外两部分，以墙为分界，屋内的为内窗台，屋外的为外窗台。外窗台有挑出窗台和假窗台两种。

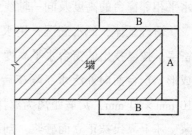

图4—16　窗套

 技能要求

窗套及外窗台抹灰

一、窗套抹灰的操作方法

　　窗套抹灰用1∶3水泥砂浆打底，1∶（2～2.5）水泥砂浆罩面。窗套抹灰要在墙面抹灰完工后进行，如外墙为水泥混合砂浆，抹面时要将该部位留出，并用1∶3水泥砂浆打底。在沿窗洞靠尺，压光外立面，用抹角器抹出侧边立角的圆角，切齐外口并压密实。侧边要求兜方窗框子并垂直于窗框，周边大小一致，棱角方正，边口顺直，如图4—17所示。

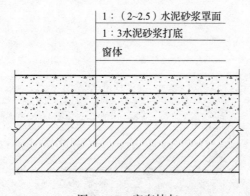

图4—17　窗套抹灰

国家职业资格培训教程

二、外窗台抹灰的操作方法

外窗台抹灰用1:3水泥砂浆打底，1:(2~2.5)水泥砂浆罩面。首先检查窗台与窗框下冒头的距离是否满足40~50 mm的间距要求。拉出水平和竖直通线，使水平相邻窗台的高度及同一轴线上下窗肩架尺寸统一起来。

清理基体，洒水润湿，用水泥砂浆嵌入窗下冒头10~15 mm深，将间隙填嵌密实。按已找出的窗台水平高度与肩架长短标志，上靠尺抹底灰，使窗台棱角基本成形，窗台面向外泛水。隔夜后，先用水泥浆窝嵌底面滴水槽的分格条，分格条10 mm×10 mm，窝嵌距离为离抹灰面20 mm处。随即将窗台两端头面抹上水泥砂浆，压上靠尺抹正立面砂浆，刮平后翻转靠尺，抹底面砂浆，抹平分格条，刮平后初步压光。再翻靠尺抹平面砂浆，做到窗台向外20 mm的泛水坡。

抹灰层收水凝结，压上靠尺用木抹子抹面并压光。作业顺序为先立面，再底面，后平面。用捋角器捋出窗台上口圆角，切齐两端面。使窗台肩架垂直方正、立角整齐、大小一致。最后取出底面分格条，用钢抹子整理抹面，成活。

第 5 章

顶棚抹灰

第 1 节　顶棚抹灰基础知识

 学习单元 1　顶棚抹灰的作用、分类及做法

 学习目标

➤ 了解顶棚抹灰的作用及分类。

➤ 掌握顶棚抹灰的做法及施工要点。

 **知识要求**

一、顶棚抹灰的作用及分类

顶棚或称作天花、平顶，是建筑物内部空间装饰中极富变化和引人注目的顶部界面。其透视感较强，通过不同的艺术造型施工和饰面的处理，可以使其具有丰富的美感和独特的风格。室内顶棚的装饰艺术形式和构造方法，取决于室内空间顶部的实用功能需要及设计者的审美追求，一般有平滑式、井格式、分层式、悬挂式，以及玻璃顶等；其装饰施工水平则需要依靠所用装饰材料及装饰施工技术的发展。

二、顶棚抹灰的分层做法及施工要点

顶棚抹灰一般分 3~4 遍（层）成活，根据抹灰等级（分为普通、中级、高级抹灰三个档次）定。普通顶棚抹灰的分层厚度是：底层灰厚度控制在 2~3 mm，中层灰厚度控制在 6 mm 以内，抹罩面灰厚度控制在 2 mm 左右。

根据顶棚基层的不同，顶棚抹灰的分层做法及施工要点见表 5—1。

表 5—1　　　　　　　　　常见的顶棚抹灰分层做法及施工要点

名称	分层做法	厚度（mm）	施工要点
现浇混凝土楼板顶棚抹灰	①1:0.5:1 水泥石灰混合砂浆抹底层	2	纸筋石灰配合比为：白灰膏:纸筋 = 100:1.2（质量比） 麻刀石灰配合比为：白灰膏:细麻刀 = 100:1.7（质量比）
	②1:3:9 水泥石灰砂浆抹中层	6	
	③纸筋石灰或麻刀石灰抹面层	2~3	
	①1:0.2:4 水泥纸筋石灰砂浆抹底层	2~3	
	②1:0.2:4 水泥纸筋石灰砂浆抹中层找平	10	
	③纸筋石灰罩面	2	
预制混凝土楼板顶棚抹灰	底层、中层、面层抹灰配合比同第 1 项	各层厚度同"现浇混凝土楼板顶棚抹灰"	抹前要先将预制板缝勾实勾平
	①1:0.5:4 水泥石灰砂浆抹底层	4	底层与中层抹灰要连续操作
	②1:0.5:4 水泥石灰砂浆抹中层	4	
	③纸筋石灰罩面	2	
	①1:0.3:6 水泥纸筋石灰砂浆抹底层	7	适用机械喷涂抹灰
	②1:0.3:6 水泥纸筋石灰砂浆抹中层	7	
	③1:0.2:6 水泥细纸筋石灰罩面压光	5	
	①1:1 水泥砂浆（加水泥质量2%的聚醋酸乙烯乳液）抹底层	2	①适用于高级装饰工程 ②底层抹灰需养护 2~3 天后再抹中层灰
	②1:3:9 水泥石灰砂浆抹中层	6	
	③纸筋石灰罩面	2	
板条、苇箔、秫秸或金属网顶棚抹灰	①1:2.5 纸筋石灰或麻刀石灰砂浆抹底层	3~6	①板条顶棚板条间的缝隙应为 7~10 mm，板条端面间应有 3~5 mm空隙，板条应钉牢固，不准活动
	②1:2.5 纸筋石灰或麻刀石灰砂浆抹中层	3~6	

续表

名称	分层做法	厚度（mm）	施工要点
板条、苇箔、秫秸或金属网顶棚抹灰	③1:2.5 石灰砂浆（略掺麻刀）找平 ④1:2.5 纸筋石灰或麻刀石灰罩面	2~3 2~3	②金属网顶棚的金属网应拉平拉紧钉牢，金属网顶棚抹灰时，底层灰应使劲挤压到网眼内 ③抹时应用墨斗在靠近顶棚四周墙面上出水平线，板条应洒水湿润，抹灰应从墙角顶棚开始，并沿着板条方向抹底层，抹时铁抹子要来回压抹，将砂浆挤入板条缝内，形成转角，紧接着再抹一层并压入底层中去 ④底部两层抹好后，稍停一会儿，再抹石灰砂浆，用软刮尺前后左右刮干，不必压光，只用木抹子搓干，待六七成干时方可抹罩面灰，抹时铁抹子顺板条方向进行，要接槎平整、抹纹顺直，揉实压光，一般分两遍成活，即头遍薄薄抹一层，二遍抹平压光 ⑤苇箔、秫秸顶棚抹底灰时也要将砂浆抹压挤入苇箔或秫秸缝隙内形成转脚，抹时先顺着苇箔或秫秸抹，然后横着抹，要比板条抹灰稍用力
钢板网顶棚抹灰	①1:（1.5~2）石灰砂浆（略掺麻刀）抹底层，灰浆要挤入网眼中 ②挂麻钉，将小束麻丝每隔30 cm左右挂在钢板网网眼上，两端纤维垂下，长25 cm ③1:2.5 石灰砂浆抹中层，分两遍成活，每遍将悬挂的麻钉向四周散开1/2，抹入灰浆中 ④纸筋石灰罩面	3 3 2 2~3	①抹灰时分两遍将麻丝按放射状梳理抹进中层砂浆中，麻丝要分布均匀 ②其他分层抹灰方法同板条、苇箔、秫秸或金属网顶棚抹灰

注：本表所列配合比无注明者均为体积比。

抹灰层平均厚度不得大于下列规定：当为板条抹灰及在现浇钢筋混凝土基体下直接抹灰为 15 mm；当在预制钢筋混凝土基体下直接抹灰时为 18 mm；当为钢板网抹灰时（包括板条钢板网）为 20 mm，越薄越好。

对于要求大面积平滑的顶棚，以及要求拱形、折板和某种特殊形式的顶棚，往往非抹灰莫属。另外，厚度大于 15 mm 的钢丝网水泥砂浆抹灰层，还可作为钢结构或建筑物某些部位的防火保护层，但它们不能与木质部分接触。

除了直接在钢筋混凝土梁板底抹灰的顶棚外，抹灰吊顶顶棚多数为悬挂的。传统的抹灰基层有木板条、苇箔、木丝板和钢丝网等。国外有一种带肋的钢筋网，增强了纵向的刚度，因而可以直接固定在主龙骨上，省去了次龙骨。

抹灰基层的首要条件是绷紧在龙骨上，防止挤压时的弯曲。为了能咬住抹灰层，钢丝网的网眼直径不可大于 10 mm。带肋钢板网所固定的金属龙骨可以是倒 T 形的定型龙骨，用轧头轧牢；也可以采用 6~8 mm 直径的圆钢筋作为龙骨，用镀锌钢丝绑扎。两种龙骨的间距均不得大于 350 mm。采用木丝板或专用的板材作为抹灰的基层，也可用倒 T 形的定型龙骨，并用卡具连接。

抹灰吊顶的主龙骨可用钢筋做吊杆，悬吊在上层结构上，下面直接吊勾在定型龙骨的孔洞中，或者与钢筋主龙骨勾牢。一般情况下，每 1 m² 抹灰吊顶顶棚至少要安装三根吊筋。钢丝网抹灰吊顶还可做成一种从顶棚垂下来的垂直条式或格子式顶棚，以满足造型或声学、照明等某些特殊要求。

三、顶棚抹灰的主要安全技术措施

1. 室内抹灰时使用的木凳、金属脚手架等的架设应平稳牢固，脚手板跨度不得大于 2 m，架上堆放材料不得过于集中，在同一跨度的脚手板内不应超过两人同时作业。

2. 不准在门窗、洗脸池等器物上搭设脚手板。阳台部位粉刷，外侧没有脚手架时，必须挂设安全网。

3. 使用砂浆搅拌机搅拌砂浆，往拌筒内投料时，如果拌叶转动不得用脚踩或用铁铲、木棒等工具拨刮筒口的砂浆或材料。

4. 机械喷灰、喷涂应戴防护用品，压力表、安全阀应灵敏可靠、输浆管各部接口应拧紧卡牢。管路摆放顺直，避免折弯。

5. 输浆应严格按照规定压力进行，起压和管道堵塞时应卸压检修。

学习单元 2 顶棚抹灰施工步骤

 学习目标

➤ 掌握顶棚抹灰的施工步骤。

 知识要求

混凝土顶棚抹灰的基层处理，除应按一般基层处理要求进行处理外，还要检查楼板是否下沉或裂缝。如为预制混凝土楼板，则应检查其板缝是否已用细石混凝土灌实，若板缝灌不实，顶棚抹灰后会顺板缝产生裂纹。近年来无论是现浇还是预制混凝土，都大量采用钢模板，故表面较光滑，如直接抹灰，砂浆黏结不牢，抹灰层易出现空鼓、裂缝等现象。为此在抹灰时，应先在清理干净的混凝土表面用茅扫帚刷水后刮一遍水灰比为 0.37 ~ 0.40 的水泥浆进行处理，方可抹灰。

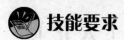 **技能要求**

顶 棚 抹 灰

一、弹线、找规矩

顶棚抹灰通常不做标志块和标筋，用目测的方法控制其平整度，以无明显高低不平及接茬痕迹为度。顶棚抹灰的弹线、找规矩是以室内墙面高度 500 mm 作为水平线，确定抹灰的厚度，然后在离顶棚 100 mm 处弹出顶棚四周水平线，作为顶棚抹灰水平控制线。

二、底层、中层抹灰

在抹底层灰前将顶棚基层湿润，随后用掺加聚合物的水泥浆刷一遍，要求随刷随抹底层灰。一般底层抹灰采用配合比为水泥:石灰膏:砂 = 1:0.5:1 的水泥混合砂浆，底层抹灰厚度为 2 ~ 3 mm。抹中层砂浆的配合比一般采用水泥:石灰膏:砂 = 1.3:9 的混合砂浆，抹灰厚度为 6 mm 左右，抹后用软刮尺刮平赶匀，随刮随用长毛刷子将抹印顺平，再用木抹子搓平，顶棚管道周围用小工具顺平。抹灰的顺序一般是由前往后退，并注意其方向必须同基体的缝隙（混凝土板缝）成垂直方向，这样容易使砂浆挤入缝隙牢固结合。抹灰时，厚薄应掌握适度，随后用软刮尺赶平。如平整度欠佳，应补抹和赶平，但不宜多次修补，否则容易搅动底灰而引起掉灰。如底层砂浆吸水快，应及时洒水，以保证与底层黏结牢固。在顶棚与墙面的交接处，一般是在墙面抹灰完成后再补做；也可在抹顶棚时，先将距顶棚 20～30 cm 的墙面同时完成抹灰，方法是用钢抹子在墙面与顶棚交角处添上砂浆，然后用木阴角器抽平压直即可。

三、面层抹灰

掌握好抹罩面灰的时间，待中层抹灰到六七成干，即用手按不软但有指印时，再开始面层抹灰。如中层灰过干，应洒水湿润后再抹罩面灰。抹罩面灰一般用钢抹子，第一遍抹得越薄越好，随后抹第二遍，厚度控制在 2 mm 左右。抹第二遍时，抹子要稍平，抹完后等灰浆稍干，再用钢抹子顺抹纹压实、压光。如使用纸筋石灰或麻刀石灰时，一般分两遍成活。其涂抹方法及抹灰厚度与内墙面抹灰相同。

第 2 节 现浇混凝土楼板顶棚（天花）抹灰、抹纸筋灰

 学习目标

➤ 掌握现浇混凝土楼板顶棚（天花）抹灰、抹纸筋灰的工艺流程及基层检查的主要内容。
➤ 掌握现浇混凝土楼板顶棚（天花）抹灰、抹纸筋灰的施工步骤。

 技能要求

现浇混凝土楼板顶棚（天花）抹灰、抹纸筋灰

一、基层检查

1. 检查其基体有无裂缝或其他缺陷，表面有无油污、不洁或附着杂物（塞模

板缝的纸、油毡及铁丝、钉头等），如为预制混凝土板，则应检查其灌缝砂浆是否密实。

2. 检查暗埋电线的接线盒或其他一些设施安装件是否已安装和保护完善。如均无问题，即应在基体表面满刷水灰比为 0.37 ~ 0.40 的纯水泥浆一道。如基体表面光滑（模板采用胶合板或钢模板并涂刷脱模剂者，混凝土表面均比较光滑），应涂刷界面处理剂，或凿毛，或甩聚合物水泥砂浆（参考质量配合比为白乳胶：水泥：水 = 1:5:1）形成一个一个小疙瘩，以增加抹灰层与基体的黏结强度，防止发生抹灰层剥落、空鼓现象。

需要强调的是石灰膏应提前熟化透，并经细筛网过滤，未经熟化透的石灰膏不得使用；纸筋应提前除去尘土、泡透、捣烂，按比例掺入石灰膏中使用，罩面灰浆用的纸筋宜机碾磨细后使用；麻刀（丝）要求坚韧、干燥、不含杂质，剪成 20 ~ 30 mm 长并敲打松散，按比例掺入石灰膏中使用。

二、弹线

视设计要求抹灰档次及抹灰面积大小等情况，在墙、柱面顶部弹出抹灰层控制线。小面积普通抹灰顶棚一般用目测控制其抹灰面平整度及阴阳角顺直即可。大面积高级抹灰顶棚则应找规矩、找水平、做灰饼及冲筋等。

根据墙柱上弹出的标高基准墨线，用粉线在顶板下 100 mm 的四周墙面上弹出一条水平线，作为顶板抹灰的水平控制线。对于面积较大的楼盖顶或质量要求较高的顶棚，宜通线设置灰饼。

三、抹底层、中层灰

抹灰前应对混凝土基体提前洒（喷）水润湿，抹时应一次用力抹灰到位，并初平，不宜翻来覆去扰动，否则会引起掉灰，待稍干后再用搓板刮尺等刮平，最后一遍需压光，阴阳角应用角模拉顺直，如图 5—1 所示。

在顶板混凝土湿润的情况下，先刷素水泥浆一道，随刷随打底，打底采用 1:1:6 水泥混合砂浆。对顶板凹度较大的部位，先大致找平并压实，待其干后，再抹大面积底层灰，其厚度每遍不宜超过 8 mm。操作时需用力抹压，然后用压尺刮抹顺平，再用木磨板磨平，要求平整稍毛，不必光滑，但不得过于粗糙，不许有凹陷深痕。

抹面层灰时可在中层灰六七成干时进行，预制板抹灰时必须朝板缝方向垂直进行，抹水泥类灰浆后需注意洒（喷）水养护（石灰类灰浆自然养护）。

图5—1　抹底层、中层灰

四、抹罩面灰

待底灰六七成干时，即可抹面层纸筋灰。如停歇时间长，底层过分干燥则应用水湿润。涂抹时先分两遍抹平、压实，其厚度不应大于2 mm。

待面层稍干，"收身"时（即经过铁抹子压抹灰浆表层不会变为糊状时）要及时压光，不得有匙痕、气泡、接缝不平等现象。天花板与墙边或梁边相交的阴角应成一条水平直线，梁端与墙面、梁边相交处应成垂直线。

第3节　灰板条吊顶抹灰

 学习目标

➤ 掌握灰板条吊顶抹灰工艺流程及施工准备的主要内容。
➤ 掌握灰板条吊顶抹灰施工步骤。

 技能要求

灰板条吊顶抹灰

一、施工工序

板条吊顶顶棚抹灰施工工序工艺流程：清理基层→弹水平线→抹底层灰→抹中

层灰→抹面层灰。

二、施工准备

1. 在正式抹灰之前，首先检查钢木骨架，必须符合设计要求。

2. 然后再检查板条顶棚，如有以下缺陷者，必须进行修理：

（1）吊杆螺母松动或吊杆伸出板条底面的。

（2）板缝应为 7～10 mm，接头缝应为 3～5 mm，缝隙过大或过小的。

（3）灰板条厚度不够，过薄或过软的。

（4）少钉导致不牢，有松动现象的。

（5）板条没有按规定错开接缝的等。

以上缺陷经修理后检查合格者，方可开始抹灰。

三、操作步骤

1. 清理基层

将基层的浮土清扫干净。

2. 弹水平线

在与顶棚相交的四周墙面上弹出水平线，作为抹灰厚度的标志。

3. 抹底层灰

抹底层灰时，应顺着板条方向，从顶棚墙角由前向后抹，用铁抹子刮上麻刀石灰浆或纸筋石灰浆，用力来回压抹，将底灰挤入板条缝隙中，使转角结合牢固，厚度为 3～6 mm。

4. 抹中层灰

（1）待底层灰约七成干、用铁抹子轻敲有整体声时，即可抹中层灰。

（2）用铁抹子横着灰板条方向涂抹，然后用软刮尺横着板条方向找平。

5. 抹面层灰

（1）待中层灰七成干后，用钢抹子顺着板条方向罩面，再用软刮尺找平，最后用钢抹子压光。

（2）为了防止抹灰裂缝和起壳，所用石灰砂浆不宜掺水泥，抹灰层不宜过厚，总厚度应控制在 15 mm 以内。

（3）抹灰层在凝固前，要注意成品保护。如为屋架下吊顶的，凝固前不得有人进顶棚内走动；如为钢筋混凝土楼板下吊顶的，凝固前上层楼面禁止锤击或震动，不得渗水，以保证抹灰质量。

第4节 混凝土顶棚抹白灰砂浆

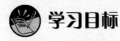 **学习目标**

➤ 掌握混凝土顶棚抹白灰砂浆施工步骤。

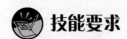 **技能要求**

混凝土顶棚抹白灰砂浆

一、基层处理、弹线找规矩

基层处理、弹线找规矩操作方法同现浇混凝土楼板顶棚（天花）抹灰、抹纸筋灰。

二、抹底层灰

抹底层灰宜采用1:0.5:1水泥石灰膏砂浆或1:2:4水泥纸筋灰砂浆。其他操作方法同现浇混凝土楼板顶棚（天花）抹灰、抹纸筋灰。

三、抹中层灰

底层灰抹完后，紧跟着抹中层灰，用1:3:9水泥混合砂浆，如底层灰吸水较快应及时洒水。先抹顶棚四周，圈边找平，再抹大面，灰层厚度为7~9 mm。抹完后，用刮尺刮平，木抹子搓平。

四、混凝土顶棚抹白灰砂浆

面层用纸筋灰罩面，其做法是：待中层灰七八成干时，即用手按，不软但有指印时，就可抹罩面灰，如中层灰过干时，应洒水湿润后再抹。罩面灰的厚度应控制在2 mm左右，分两遍抹成。第一遍越薄越好，接着抹第二遍，抹子要稍平，第二遍与第一遍压的方向互相垂直。待罩面灰稍干再用塑料抹子或压子顺抹纹压实、压光。

第5节　钢板网顶棚抹灰

 学习目标

➤ 掌握钢板网顶棚抹灰的工艺流程及施工步骤。

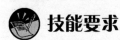 **技能要求**

钢板网顶棚抹灰

一、挂麻根束

对于大面积厅堂或高级装修的工程，由于其抹灰厚度增加，需在抹灰前在钢板网上吊麻根束，做法是先将小束麻根按纵横间距30~40 cm绑在网眼下，两端纤维垂直向下，以便在打底的三遍砂浆抹灰过程中，梳理呈放射状，分两遍均匀抹埋进底层砂浆内。一般小型或普通装修的工程不需此工序。

二、抹底层灰

首先将基体表面清扫干净并湿润，然后用1:1:6水泥麻根灰砂浆抹压第一遍灰，厚度约3 mm，应将砂浆压入网眼内，形成转脚并结合牢固。随即抹第二遍灰，厚度约为5 mm（均匀抹埋第一次长麻根），待第二遍灰六七成干时，再抹第三遍灰（完成均匀抹埋第二次长麻根），厚度为3~5 mm，要求刮平压实。

1. 底层灰用1:1:6水泥麻刀灰砂浆。

2. 用铁抹子将麻刀灰砂浆压入金属网眼内，形成转角。

3. 底层灰第一遍厚度4~6 mm，将每个麻束的1/3分成燕尾形，均匀嵌入。

4. 在第一遍底层灰凝结而尚未完全收水时，拉线贴灰饼，灰饼的间距为800 mm。

5. 用同样的方法刮抹第二遍底层灰，厚度同第一遍，再将麻束的1/3粘在砂浆上。

6. 用同样的方法抹第三遍底层灰，将剩余的麻丝均匀地粘在砂浆上。

7. 底层抹灰分三遍成活，总厚度控制在 15 mm 左右。

三、抹中层灰

1. 抹中层灰用 1:2 麻刀灰浆。

2. 在底层灰已经凝结而尚未完全收水时，拉线贴灰饼，灰饼用木抹子抹平，其厚度为 4~6 mm。

四、抹面层灰

待找平层有六七成干时，用纸筋灰抹罩面层，厚度约 2 mm，用灰匙抹平压光。

1. 在中层灰干燥后，用沥浆灰或细纸筋灰罩面，厚度为 2~3 mm，用钢板抹子溜光，平整洁净；也可用石膏罩面，在石膏浆中掺入石灰浆后，一般控制在 15~20 min 内凝固。

2. 涂抹时，分两遍连续操作，最后用钢抹子溜光，各层总厚度控制在 2.0~2.5 cm。

3. 金属网吊顶顶棚抹灰，为了防止裂缝、起壳等缺陷，在砂浆中不宜掺水泥。如果想掺水泥，掺量应经试验后慎重确定。

第6章

地面抹灰

第1节　地面工程

 学习单元1　地面工程基本构造

 学习目标

➢ 了解地面工程的基本概念及设计要求。

➢ 掌握地面工程构造层组成及各构造层表面温度要求。

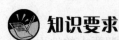 **知识要求**

一、地面工程简述

建筑地面是内部空间六面体的重要组成部分，它与顶棚、四面墙体相辅相成，构成完整的立体空间，在不同的部位发挥着建筑地面应有的作用。

楼地面作为地坪或楼面的表面层，首先要起保护作用，保证地坪或楼面坚固、耐久，还有隔声、防尘、去静电等其他要求。通常楼地面由面层和基层组成，基层又包括垫层和构造两部分。按照不同功能的使用要求，地面应具有耐磨、防水、防潮、防滑、易于清扫等特点。在较高级房间，还要有一定的隔声、吸声、抗静电功能及弹性、保温和阻燃性能等。

地面工程由基层和面层两个基本构造层组成。基层部分包括结构层和垫层，而底层地面的结构层是基土，楼层地面的结构层则是楼板；而结构层和垫层往往结合在一起又统称为垫层，它起着承受和传递来自面层的荷载作用，因此基层应具有一定的强度和刚度。面层部分即地面与楼面的表面层，将根据生产、工作、生活特点和不同的使用要求做成整体面层、板块面层和木竹面层等各种面层，它直接承受表面层的各种荷载。因此面层不仅具有一定的强度，还要满足各种如耐磨、耐酸、耐碱、防潮、防水、防滑、防爆、防霉、防腐蚀、防油渗、耐高温及冲击、清洁、洁净、隔热、保湿等功能性要求，为此应保证面层的整体性，并要达到一定的平整度。

二、各地面工程的设计要求

1. 经常承受剧烈磨损的地面宜采用 C20 混凝土面层、铁屑水泥或块石面层、条石面层。

2. 经常受坚硬物体冲击的地面宜采用混凝土垫层兼面层或细石混凝土面层。有强烈冲击的地面宜采用混凝土板、块石或素土面层。

3. 承受剧烈振动作用或储放大面积笨重材料的地面，宜选用粒料、灰土类柔性地面。同时有平整和清洁要求时，宜采用砂浆结合层的预制混凝土板面层。

4. 受高温影响的地面宜采用素土或矿渣面层。同时有较高平整和清洁要求或同时有强烈磨损的地面宜采用金属面层。

5. 经常有大量水作用或冲洗的块料面层地面，结合层宜采用胶凝类材料。经常有大量水作用或冲洗的楼面，当楼板为装配式的，应加强楼面整体性，必要时设防水层。

6. 有一定防潮要求的地面宜采用沥青砂浆面层，有较高防潮要求的地面宜设油毡或涂抹热沥青防潮层。

7. 有食品或药物接触的地面，面层应避免采用含氟硅酸钠的材料和有毒的塑料或涂料。

8. 与火接触或使用温度 >60℃ 的地面，不宜用聚氯乙烯塑料板或过氯乙烯涂料。

9. 经常与有机油作用的地面不宜采用沥青类材料面层及嵌缝材料。楼面应有防油渗措施。

10. 火灾危险性属甲、乙类的厂房地面，如有坚硬物冲击或摩擦有可能产生火花引起爆炸时，应采用不发火地面。

11. 有较高清洁要求的地面宜采用光洁水泥面层、水磨石面层等。

12. 有轻体力劳动且有一定弹性和清洁要求的地面可采用菱苦土地面，但有较大冲击，经常受潮或者有热源影响时不宜采用。

13. 生产过程中使用汞的地面宜采用密实材料做的无缝地面。

14. 有防腐要求地面另按防腐要求设计。

三、地面工程各构造层的说明

建筑地面工程是包括工业与民用建筑物底层地面（简称地面）和楼层地面（简称楼面）的总称（见图 6—1、图 6—2），由面层、垫层和基层等部分组成。

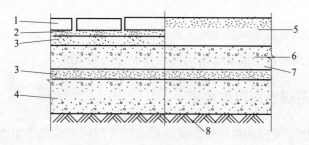

图 6—1　地面工程构造示意

1—块料面层　2—结合层　3—找平层　4—垫层　5—整体面层　6—填充层　7—隔离层　8—基土

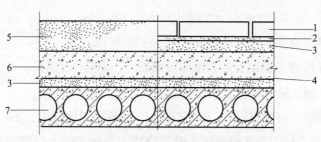

图 6—2　楼面工程构造示意

1—块料面层　2—结合层　3—找平层　4—隔离层　5—整体面层　6—填充层　7—楼板

面层是指直接承受各种物理和化学作用的建筑地面表面层；建筑地面的名称按其面层名称而定。

结合层是指面层与下一构造层相联结的中间层，也可作为面层的弹性基层。

基层是指面层下的构造层，包括填充层、隔离层、找平层、垫层和基土等。

填充层是指当面层、垫层和基土（或结构层）尚不能满足使用上或构造上的要求而增设的填充层，在建筑地面上起隔声、保温、找坡或敷设暗管线等作用的构造层。

　　隔离层是指防止建筑地面上各种液体（指水、油渗、非腐蚀性液体和腐蚀性液体）浸湿和作用，或防止地下水和潮气渗透地面作用的构造层。仅为防止地下潮气透过地面时，可称为防潮层。

　　找平层是指在垫层上、楼板上或填充层（轻质、松散材料）上起整平、找坡或加强作用的构造层。

　　垫层是指承受并传递地面荷载于基土上的构造层。

　　基土是指地面垫层下的土层。

　　缩缝是指防止水泥混凝土垫层在气温降低时产生不规则裂缝而设置的收缩缝。

　　伸缝是指防止水泥混凝土垫层在气温升高时在缩缝边缘产生挤碎或拱起而设置的伸胀缝。

　　纵向缩缝是指平行于混凝土施工流水作业方向的缩缝。

　　横向缩缝是指垂直于混凝土施工流水作业方向的缩缝。

四、各构造层表面温度要求

　　1. 掺有氯化镁成分的拌和物铺设面层、结合层时不应低于10℃，且此温度应保持至其强度达到不小于设计要求的70%时。

　　2. 掺有水泥的面层、找平层、结合层和垫层及铺设黏土面层时不应低于5℃，且此温度应保持至强度达到不小于设计要求的50%时。

　　3. 掺有石灰的拌和料铺设垫层时，不应低于5℃。

　　4. 用沥青玛琋脂做结合层和地漆布面层时，不应低于5℃。

　　5. 用胶黏剂做结合层时，不应低于10℃。

　　6. 用砂做结合层及铺设碎石、卵石、碎砖垫层和面层时，不应低于0℃且不得在冻土上铺设。低于上述温度施工时，应按冬季施工的专门规定采取相应措施，以确保工作质量。

 学习单元2　地面工程施工基本规定

 **学习目标**

　　➤ 了解工程分部分项工程划分及工程施工基本规定。

 知识要求

一、工程分部分项工程划分

建筑地面分部、分项工程划分见表 6—1。

表 6—1　　　　　　　　　　建筑地面分部、分项工程划分

序号	分部工程	子分部工程		分项工程
1	建筑装饰整修工程	地面	整体面层	基层：基土、灰土垫层、砂垫层和砂石垫层、碎石垫层和碎砖垫层、三合土垫层、炉渣垫层、水泥混凝土垫层、找平层、隔离层、填充层
2				面层：水泥混凝土面层、水泥砂浆面层、水磨石面层、水泥钢（铁）屑面层、防油渗面层、不发火（防爆的）面层
3			板块面层	基层：基土、灰土垫层、砂垫层和砂石垫层、碎石垫层和碎砖垫层、三合土垫层、炉渣垫层、水泥混凝土垫层、找平层、隔离层、填充层
4				面层：砖面层（陶瓷锦砖、缸砖、陶瓷地砖和水泥花砖面层）、大理石面层和花岗石面层、预制板块面层（水泥混凝土板块、水磨石板块面层）、料石面层（条石、块石面层）、塑料板面层、活动地板面层、地毯面层
5			木、竹面层	基层：基土、灰土垫层、砂垫层和砂石垫层、碎石垫层和碎砖垫层、三合土垫层、炉渣垫层、水泥混凝土垫层、找平层、隔离层、填充层
6				面层：实木地板面层（条材、块材面层）、实木复合地板面层（条材、块材面层）、中密度（强化）复合地板面层（条材面层）、竹地板面层

二、工程施工基本规定

1. 建筑施工企业在建筑地面工程施工时，应有质量管理体系和相应的施工工艺技术标准。

2. 建筑地面工程采用的材料应按设计要求选用，并应符合国家标准的规定：进场材料应有质量合格证明文件、规格、型号及性能检测报告，对重要材料应有复验报告。

3. 建筑地面采用的大理石、花岗石等天然石材必须符合国家现行行业标准《建筑材料放射性核素限量》（GB 6566—2010）中有关材料有害物质的限量规定。进场应具有检测报告。

4. 胶黏剂、沥青胶结料和涂料等材料应按设计要求选用，并应符合现行国家标准《民用建筑工程室内环境污染控制规范》（GB 50325—2010）的规定。

5. 厕浴间和有防滑要求的建筑地面的板块材料应符合设计要求。

6. 建筑地面下的沟槽、暗管等工程完工后，经检验合格并做隐蔽验收记录，方可进行建筑地面工程的施工。

7. 建筑地面工程基层（各构造层）和面层的铺设，均应待其下一层检验合格后方可施工上一层。建筑地面工程各层铺设前与相关专业的分部（子分部）工程、分项工程及设备管道安装工程之间，应进行交接检验。

8. 铺设有坡度的地面应采用基土高差达到设计要求的坡度；铺设有坡度的楼面（或架空地面）应采用在钢筋混凝土板上变更填充层（或找平层）铺设的厚度或以结构起坡达到设计要求的坡度。

9. 室外散水、明沟、踏步、台阶和坡道等附属工程，其面层和基层（各构造层）均应符合设计要求。施工时应按基层铺设中基土和相应垫层及面层的规定执行。

10. 水泥混凝土散水、明沟应设置伸缩缝，其间距不得大于 10 m；房屋转角处应做45°缝。水泥混凝土散水、明沟和台阶等与建筑物连接处应设缝处理。上述缝宽度为 15～20 mm，缝内填嵌柔性密封材料。

11. 建筑地面的变形缝应按设计要求设置，并应符合下列规定：

（1）建筑地面的沉降缝、伸缩缝和防震缝应与结构相应缝的位置一致，且应贯通建筑地面的各构造层。

（2）沉降缝和防震缝的宽度应符合设计要求，缝内清埋干净，以柔性密封材料填嵌后用板封盖，并应与面层齐平。

12．建筑地面镶边，当设计无要求时，应符合下列规定：

（1）在强烈机械作用下的水泥类整体面层与其他类型的面层邻接处，应设置金属镶边构件。

（2）采用水磨石整体面层时，应用同类材料以分格条设置镶边。

（3）条石面层和砖面层与其他面层邻接处，应用顶铺的同类材料镶边。

（4）采用木、竹面层和塑料板面层时，应用同类材料镶边。

（5）地面面层与管沟、孔洞、检查井等邻接处，均应设置镶边。

（6）管沟、变形缝等处的建筑地面面层的镶边构件，应在面层铺设前装设。

13．厕浴间、厨房和有排水（或其他液体）要求的建筑地面面层与相连接各类面层的标高差应符合设计要求。

14．检验水泥混凝土和水泥砂浆强度试块的组数，每一层（或检验批）建筑地面工程不应小于1组。当每一层（或检验批）建筑地面工程面积大于1 000 m²时，每增加1 000 m²应增做1组试块；小于1 000 m²的按1 000 m²计算。当改变配合比时，也应相应地制作试块组数。

15．各类面层的铺设宜在室内装饰工程基本完工后进行；木、竹面层及活动地板、塑料板、地毯面层的铺设，应待抹灰工程或管道试压等施工完工后进行。

16．建筑地面工程施工时，各层环境温度的控制应符合下列规定：

（1）采用掺有水泥、石灰的拌和料铺设及用石油沥青胶结料铺贴时，不应低于5℃。

（2）采用有机胶黏剂粘贴时，不应低于10℃。

（3）采用砂、石材料铺设时，不应低于0℃。

 学习单元3　基层施工相关规定

 **学习目标**

➤ 掌握基层施工的一般规定。

![知识要求] **知识要求**

一、基层施工的一般规定

1. 基层铺设的材料质量、密实度和强度等级（或配合比）等应符合设计要求和相关规定。

2. 基层铺设前，其下一层表面应干净、无积水。

3. 垫层分段施工时，接槎处应做成阶梯形，每层接槎处的水平距离应错开0.5~1.0 m。接槎处不应设在地面荷载较大的部位。

4. 当垫层、找平层、填充层内埋设暗管时，管道应按设计要求予以稳固。

5. 对有防静电要求的整体地面的基层，应清除残留物，将露出基层的金属物涂绝缘漆两遍晾干。

6. 基层的标高、坡度、厚度等应符合设计要求。基层表面应平整，其允许偏差和检验方法应符合表6—2的规定。

二、基土规定

1. 地面应铺设在均匀密实的基土上。土层结构被扰动的基土应进行换填并予以压实。压实系数应符合设计要求。

2. 对软弱土层应按设计要求进行处理。

3. 填土应分层摊铺、分层压（夯）实、分层检验其密实度。填土质量应符合现行国家标准《建筑地基基础工程施工质量验收规范》（GB 50202—2002）的有关规定。

4. 填土时应为最优含水量。重要工程或大面积的地面填土前，应取土样，按击实试验确定最优含水量与相应的最大干密度。

5. 基土不应用淤泥、腐殖土、冻土、耕植土、膨胀土和建筑杂物作为填土，填土土块的粒径不应大于50 mm。

6. 工类建筑基土的氡浓度应符合现行国家标准《民用建筑工程室内环境污染控制规范》（GB 50325—2010）的规定。

7. 基土应均匀密实，压实系数应符合设计要求，设计无要求时，不应小于0.9。

表6—2

基层表面的允许偏差和检验方法

允许偏差（mm）

项次	项目	基土	垫层					找平层				填充层		隔离层	绝热层	检验方法
		土	砂、砂石、碎石、碎砖	灰土、三合土、四合土、炉渣、水泥混凝土、陶粒混凝土	木格栅	拼花实木地板、拼花实木复合地板、软木类地板面层	其他种类面层	用胶结料做结合层铺设板块面层	用水泥砂浆做结合层铺设块面层	用胶黏剂做结合层铺设拼花木板、浸渍纸层压木质地板、实木复合地板、软木地板、竹地板面层	金属板面层	松散材料	板块材料	防水、防潮、防油渗	板块材料、浇筑材料、喷涂材料	
1	表面平整度	15	15	10	3	3	5	3	5	2	3	7	5	3	4	用2 m靠尺和楔形塞尺检查
2	标高	0 −50	±20	±10	±5	±5	±8	±4	±4	±4	±4	±4	±4	±4	±4	用水准仪检查
3	坡度	不大于房间相应尺寸的2/1 000，且不大于30														
4	厚度	在个别地方不大于设计厚度的1/10，且不大于20														

三、灰土垫层规定

1. 灰土垫层应采用熟化石灰与黏土（或粉质黏土、粉土）的拌和料铺设，其厚度不应小于 100 mm。

2. 熟化石灰粉可采用磨细生石灰，也可用粉煤灰代替。

3. 灰土垫层应铺设在不受地下水浸泡的基土上。施工后应有防止水浸泡的措施。

4. 灰土垫层需分层夯实，经湿润养护、晾干后方可进行下一道工序施工。

5. 灰土垫层不宜在冬季施工。当必须在冬季施工时，应采取可靠措施。

6. 灰土体积比应符合设计要求。

7. 熟化石灰颗粒粒径不应大于 5 mm；黏土（或粉质黏土、粉土）内不得含有有机物质，颗粒粒径不应大于 16 mm。

8. 灰土垫层表面的允许偏差应符合表 6—2 的规定。

四、砂垫层和砂石垫层规定

1. 砂垫层厚度不应小于 60 mm，砂石垫层厚度不应小于 100 mm。

2. 砂石应选用天然级配材料。铺设时不应有粗细颗粒分离现象，压（夯）至不松动为止。

3. 砂和砂石不应含有草根等有机杂质，砂应采用中砂，石子最大粒径不应大于垫层厚度的 2/3。

4. 砂垫层和砂石垫层的干密度（或贯入度）应符合设计要求。

5. 表面不应有砂窝、石堆等现象。

6. 砂垫层和砂石垫层表面的允许偏差应符合表 6—2 的规定。

五、碎石垫层和碎砖垫层规定

1. 碎石垫层和碎砖垫层厚度不应小于 100 mm。

2. 垫层应分层压（夯）实，达到表面坚实、平整。

3. 碎石的强度应均匀，最大粒径不应大于垫层厚度的 2/3；碎砖不应采用风化、酥松、夹有有机杂质的砖料，颗粒粒径不应大于 60 mm。

4. 碎石、碎砖垫层的密实度应符合设计要求。

5. 碎石、碎砖垫层的表面允许偏差应符合表 6—2 规定。

六、三合土垫层和四合土垫层规定

1. 三合土垫层应采用石灰、砂（可掺入少量黏土）与碎砖的拌和料铺设，其厚度不应小于 100 mm；四合土垫层应采用水泥、石灰、砂（可掺少量黏土）与碎砖的拌和料铺设，其厚度不应小于 80 mm。

2. 三合土垫层和四合土垫层均应分层夯实。

3. 水泥宜采用硅酸盐水泥、普通硅酸盐水泥；熟化石灰颗粒粒径不应大于 5 mm；砂应用中砂，并不得含有草根等有机物质；碎砖不应采用风化、酥松和有机杂质的砖料，颗粒粒径不应大于 60 mm。

4. 三合土、四合土的体积比应符合设计要求。

5. 三合土垫层和四合土垫层表面的允许偏差应符合表 6—2 的规定。

七、炉渣垫层规定

1. 炉渣垫层应采用炉渣或水泥、炉渣或水泥或石灰与炉渣的拌和料铺设，其厚度不应小于 80 mm。

2. 炉渣或水泥炉渣垫层的炉渣，使用前应浇水闷透；水泥石灰炉渣垫层的炉渣，使用前应用白灰浆或用熟化石灰浇水拌和闷透。闷透时间均不得少于 5 天。

3. 在垫层铺设前，其下一层应湿润；铺设时应分层压实，表面不得有泌水现象。铺设后应养护，待其凝结后方可进行下一道工序施工。

4. 炉渣垫层施工过程中不宜留施工缝。当必须留缝时，应留直槎，并保证间隙处密实，接槎时应先刷水泥浆，再铺炉渣拌和料。

5. 炉渣内不应含有有机杂质和未燃尽的煤块，颗粒粒径不应大于 40 mm，且颗粒粒径在 5 mm 及其以下的颗粒，不得超过总体积的 40%；熟化石灰颗粒粒径不应大于 5 mm。

6. 炉渣垫层的体积比应符合设计要求。

7. 炉渣垫层与其下一层结合应牢固，不应有空鼓和松散炉渣颗粒。

8. 炉渣垫层表面的允许偏差应符合表 6—2 的规定。

八、水泥混凝土垫层和陶粒混凝土垫层规定

1. 水泥混凝土垫层和陶粒混凝土垫层应铺设在基土上。当气温长期处于 0℃以下，设计无要求时，垫层应设置缩缝，缝的位置、嵌缝做法等应与面层伸、缩缝相一致，并应符合相关规定。

2. 水泥混凝土垫层的厚度不应小于 60 mm；陶粒混凝土垫层的厚度不应小于 80 mm。

3. 垫层铺设前，当为水泥类基层时，其下一层表面应湿润。

4. 室内地面的水泥混凝土垫层和陶粒混凝土垫层，应设置纵向缩缝和横向缩缝；纵向缩缝、横向缩缝的间距均不得大于 6 m。

5. 垫层的纵向缩缝应做平头缝或加肋板平头缝。当垫层厚度大于 150 mm 时，可做企口缝。横向缩缝应做假缝。平头缝和企口缝的缝间不得放置隔离材料，浇筑时应互相紧贴。企口缝尺寸应符合设计要求，假缝宽度宜为 5～20 mm，深度宜为垫层厚度的 1/3，填缝材料应与地面变形缝的填缝材料一致。

6. 工业厂房、礼堂、门厅等大面积水泥混凝土、陶粒混凝土垫层应分区段浇筑。分区段应结合变形缝位置、不同类型的建筑地面连接处和设备基础的位置进行划分，并应与设置的纵向、横向缩缝的间距一致。

7. 水泥混凝土、陶粒混凝土施工质量检验尚应符合国家现行《混凝土结构工程施工质量验收规范》（GB 50204—2015）和《轻骨料混凝土技术规程》（JGJ 51—2002）的有关规定。

8. 水泥混凝土垫层和陶粒混凝土垫层采用的粗骨料，其最大粒径不应大于垫层厚度的 2/3，含泥量不应大于 3%；砂为中粗砂，其含泥量不应大于 3%。陶粒中粒径小于 5 mm 的颗粒含量应小于 10%；粉煤灰陶粒中大于 15 mm 的颗粒含量不应大于 5%；陶粒中不得混夹杂物或黏土块。陶粒宜选用粉煤灰陶粒、页岩陶粒等。

9. 水泥混凝土和陶粒混凝土的强度等级应符合设计要求。陶粒混凝土的密度应在 800～1 400 kg/m³ 之间。

10. 水泥混凝土垫层和陶粒混凝土垫层表面的允许偏差应符合表 6—2 的规定。

 学习单元 4　地面工程找平层施工

 学习目标

➤ 掌握地面工程找平层施工的基本要求及施工。

 **知识要求**

一、基本要求

1. 找平层宜采用水泥砂浆或水泥混凝土铺设。当找平层厚度小于 30 mm 时，宜用水泥砂浆做找平层；当找平层厚度不小于 30 mm 时，宜用细石混凝土做找平层。

2. 找平层铺设前，当其下一层有松散填充料时，应予铺平振实。

3. 有防水要求的建筑地面工程，铺设前必须对立管、套管和地漏与楼板节点之间进行密封处理，并应进行隐蔽验收；排水坡度应符合设计要求。

4. 在预制钢筋混凝土板上铺设找平层前，板缝填嵌的施工应符合下列要求：

（1）预制钢筋混凝土板相邻缝底宽不应小于 20 mm。

（2）填嵌时，板缝内应清理干净，保持湿润。

（3）填缝应采用细石混凝土，其强度等级不应小于 C20。填缝高度应低于板面 10 ~ 20 mm，且振捣密实；填缝后应养护。当填缝混凝土的强度等级达到 C15 后方可继续施工。

（4）当板缝底宽大于 40 mm 时，应按设计要求配置钢筋。

5. 在预制钢筋混凝土板上铺设找平层时，其板端应按设计要求做防裂的构造措施。

6. 找平层采用碎石或卵石的粒径不应大于其厚度的 2/3，含泥量不应大于 2%；砂为中粗砂，其含泥量不应大于 3%。

7. 水泥砂浆体积比、水泥混凝土强度等级应符合设计要求，且水泥砂浆体积比不应小于 1∶3（或相应强度等级）；水泥混凝土强度等级不应小于 C15。

8. 有防水要求的建筑地面工程的立管、套管、地漏处不应渗漏，坡向应正确、无积水。

9. 在有防静电要求的整体面层的找平层施工前，其下敷设的导电地网系统应与接地引下线和地下接电体有可靠连接，性能检测符合相关要求后进行隐蔽工程验收。

10. 找平层与其下一层结合应牢固，不应有空鼓。

11. 找平层表面应密实，不应有起砂、蜂窝和裂缝等缺陷。

12. 找平层的表面允许偏差应符合表 6—2 的规定。

二、施工要点

1. 铺设找平层前，首先对基层进行处理，清扫干净。

2. 找平层施工前，应用 2 m 直尺检查垫层表面的平整度，即将 2 m 直尺任意放在垫层面上，看直尺与垫层面间最大空隙有多少，对于砂、砂石、碎石、碎砖垫层，允许最大空隙为 15 mm；对于灰土、三合土、炉渣、水泥混凝土垫层，允许最大空隙为 10 mm。有坡度的找坡层，除检查平整度外，还应采用水平尺或样尺检查其坡度是否正确。如平整度不符合要求，应进行铲高补低。

为了使施工的找平层达到设计标高，应从室内墙面已画好的 + 500 mm 线，再向下量取 500 mm，在墙根处画出找平层标高线。面积较大的找平层，应按墙面做标志方法，在垫层上做出标志，各个标志宜用水准仪校核其表面标高是否符合找平层设计标高。

3. 水泥砂浆、水泥混凝土拌和料的拌制、铺设、捣实、抹平、压光等均应按同类面层的要求进行施工。

4. 在预制钢筋混凝土板（或空心板）上铺设水泥类找平层前，必须认真做好两块板缝间的灌缝填嵌这道重要工序，以保证灌缝的施工质量，防止可能造成水泥类面层出现纵向裂缝的质量通病。可采取以下防治措施：

（1）板与板之间缝隙宽度不应小于 20 mm，不得有死缝；与板之间的缝隙大于 40 mm 时，板缝内须按设计要求设置钢筋。

（2）填嵌前，必须清理板缝内杂物，浇水清洗干净且保持湿润。

（3）灌缝材料宜采用细石混凝土，石子粒径不要大于 10 mm，混凝土强度等级不得小于 C20，并尽可能使用膨胀水泥或掺膨胀剂拌制的混凝土填嵌板缝。

（4）当板缝间分两次灌缝时，也可先灌水泥砂浆，后浇筑细石混凝土。

（5）浇筑完板缝混凝土后，应及时覆盖并浇水养护 7 天，等混凝土强度等级达到 C15 时，再继续施工。

（6）对有防水要求的楼面工程，如厕所、厨房、卫生间、盥洗室等，在铺设找平层前，首先应检查地漏的标高是否正确；其次对立管、套管和地漏等管道穿过楼板节点间的周围，用水泥砂浆或细石混凝土对其管壁四周处稳固堵严并进行密封处理。

 学习单元 5　地面工程隔离层施工

 **学习目标**

➤ 掌握地面工程隔离层施工的基本要求及施工要点。

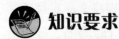 **知识要求**

一、基本要求

1. 隔离层材料的防水、防油渗性能应符合设计要求。

2. 隔离层的铺设层数（或道数）、上翻高度应符合设计要求。有种植要求的地面隔离层的防根穿刺等应符合现行行业标准《种植屋面工程技术规程》（JGJ 155—2013）的有关规定。

3. 在水泥类找平层上铺设卷材类、涂料类防水、防油渗隔离层时，其表面应坚固、洁净、干燥。铺设前，应涂刷基层处理剂。基层处理剂应采用与卷材性能相容的配套材料或采用与涂料性能相容的同类涂料的底子油。

4. 当采用掺有防渗外加剂的水泥类隔离层时，其配合比、强度等级、外加剂的复合掺量等应符合设计要求。

5. 铺设隔离层时，在管道穿过楼板面四周，防水、防油渗材料应向上铺涂，并超过套管的上口；在靠近柱、墙处，应高出面层 200～300 mm 或按设计要求的高度铺涂。阴阳角和管道穿过楼板面的根部应增加铺涂附加防水、防油渗隔离层。

6. 防水隔离层铺设后，应按相关规定进行蓄水检验，并做记录。

7. 隔离层施工质量检验还应符合现行国家标准《屋面工程质量验收规范》（GB 50207—2012）的有关规定。

8. 隔离层材料应符合设计要求和国家现行有关标准的规定。

9. 卷材类、涂料类隔离层材料进入施工现场，应对材料的主要物理性能指标进行复验。

10. 厕浴间和有防水要求的建筑地面必须设置防水隔离层。楼层结构必须采用现浇混凝土或整块预制混凝土板，混凝土强度等级不应小于 C20；房间的楼板四周除门洞外应做混凝土翻边，高度不应小于 200 mm，宽同墙厚，混凝土强度等级不应小于 C20。施工时结构层标高和预留孔洞位置应准确，严禁乱凿洞。

11. 水泥类防水隔离层的防水等级和强度等级应符合设计要求。

12. 隔离层表面的允许偏差应符合表 6—2 的规定。

13. 防水隔离层严禁渗漏，排水的坡向应正确、排水通畅。

14. 隔离层厚度应符合设计要求。

15. 隔离层与其下一层应黏结牢固，不应有空鼓；防水涂层应平整、均匀，无脱皮、起壳、裂缝、鼓泡等缺陷。

二、施工要点

1. 在铺设隔离层前，对基层表面应进行处理。其表面要求平整、洁净和干燥，并不得有空鼓、裂缝和起砂等现象。

2. 铺涂防水类材料，宜制定施工操作程序，应先做好连接处节点、附加层的处理，后再进行大面积的铺涂，以防止接缝处出现渗漏现象。对穿过楼层面连接处的管道四周，防水类材料均应向上铺涂，并应超过套管的上口；对靠近墙面处，防水类材料也应向上铺涂，并应高出面层 200～300 mm，或按设计要求的高度铺涂。穿过楼层面管道的根部和阴阳角处尚应增加铺涂防水类材料的附加层的层数或遍数。

3. 隔离层采用沥青胶结料（沥青或沥青玛琋脂）时，应符合现行国家标准《屋面工程质量验收规范》（GB 50207—2012）的有关规定和设计要求。

4. 在水泥类基层上喷涂沥青冷底子油，要均匀不露底，小面积也可用胶皮板刷或油刷人工均匀涂刷，厚度以 0.5 mm 为宜，不得有麻点。

5. 沥青胶结料防水层一般涂刷两层，每层厚度宜为 1.5～2 mm。

6. 沥青胶结料防水层可在气温不低于 20℃ 时涂刷，如温度过低，应采取保温措施。在炎热季节施工时，为防止烈日暴晒引起沥青流淌，应采取遮阳措施。

7. 防水类卷材的铺设应展平压实，挤出的沥青胶结料要趁热刮去。已铺贴好的卷材面不得有皱折、空鼓、翘边和封口不严等缺陷。卷材的搭接长度，长边不小于 100 mm，短边不小于 150 mm。搭接接缝处必须用沥青胶结料封严。

8. 当隔离层采取以水泥砂浆或水泥混凝土找平层作为建筑地面并有防水要求时，应在水泥砂浆或水泥混凝土中掺防水剂做成水泥类刚性防水层。

9. 在沥青类（即掺有沥青的拌和料，以下同）隔离层上铺设水泥类面层或结合层前，其隔离层的表面应洁净、干燥，并应涂刷同类的沥青胶结料，其厚度宜为 1.5～2.0 mm，以提高胶结性能，涂刷沥青胶结料时的温度不应低于 160℃，并应随即将经预热至 50～60℃ 的粒径为 2.5～5.0 mm 的绿豆砂均匀撒入沥青胶结料内，要求压入 1～1.5 mm 深度。对表面过多的绿豆砂应在胶结料冷却后扫去。绿豆砂应采用清洁、干燥的砾砂或浅色人工砂粒，必要时在使用前进行筛洗和晒干。

10. 有防水要求的建筑地面的隔离层铺设完毕后，应做蓄水试验。蓄水的深度宜为 20～30 mm，在 24 h 内无渗漏为合格，并应做好记录后，方可进行下道工序施工。

学习单元6　地面工程填充层施工

 学习目标

➤ 掌握地面工程填充层施工的基本要求及施工。

 知识要求

一、基本要求

1. 填充层材料的密度应符合设计要求。

2. 填充层的下一层表面应平整。当为水泥类时，应洁净、干燥，并不得有空鼓、裂缝和起砂等缺陷。

3. 采用松散材料铺设填充层时，应分层铺平拍实；采用板、块状材料铺设填充层时，应分层错缝铺贴。

4. 有隔声要求的楼面，隔声垫在柱、墙面的上翻高度应超出楼面20 mm，且应收口于踢脚线内。地面上有竖向管道时，隔声垫应包裹管道四周，高度同柱、墙面的高度。隔声垫保护膜之间应错缝搭接，搭接长度应大于100 mm，并用胶带等封闭。

5. 隔声垫上部应设置保护层，其构造做法应符合设计要求。当设计无要求时，混凝土保护层厚度不应小于30 mm，内配间距不大于200 mm×200 mm 的ϕ6 mm 钢筋网片。

6. 用作隔声的填充层，其表面允许偏差应符合表6—2 中隔离层的规定。

7. 填充层材料应符合设计要求和国家现行有关标准的规定。

8. 填充层的厚度、配合比应符合设计要求。

9. 对填充材料接缝有密闭要求的应密封良好。

10. 松散材料填充层铺设应密实；板、块状材料填充层应压实、无翘曲。

11. 填充层的坡度应符合设计要求，不应有倒泛水和积水现象。

12. 填充层表面的允许偏差应符合表6—2 的规定。

二、施工要点

1. 铺设填充层的基层应平整、洁净、干燥，认真做好基层处理工作。

2. 铺设松散材料填充层应分层铺平拍实，每层虚铺厚度不宜大于 150 mm。压实程度与厚度须经试验确定，拍压实后不得直接在填充层上行车或堆放重物，施工人员宜穿软底鞋。

3. 铺设板状材料填充层应分层上下板块错缝铺贴，每层应采用同一厚度的板块，其厚度应符合设计要求。

（1）干铺的板状材料，应紧靠在基层表面上，并应铺平垫稳，板缝隙间应用同类材料嵌填密实。

（2）粘贴的板状材料，应贴严、铺平。

（3）用沥青胶结料粘贴板状材料时，应边刷、边贴、边压实。务必使板状材料相互之间及与基层之间满涂沥青胶结料，以便互相粘牢，防止板块翘曲。

（4）用水泥砂浆粘贴板状材料时，板间缝隙应用保温灰浆填实并勾缝。

4. 铺设整体材料填充层应分层铺平拍实。

（1）水泥膨胀蛭石、水泥膨胀珍珠岩填充层的拌和宜采用人工拌制，并应拌和均匀，随拌随铺。

（2）水泥膨胀蛭石、水泥膨胀珍珠岩填充层虚铺厚度应根据试验确定，铺后拍实抹平至设计要求的厚度。拍实抹平后宜立即铺设找平层。

（3）沥青膨胀蛭石、沥青膨胀珍珠岩填充层中，沥青加热温度不应高于 240℃，使用温度不宜低于 190℃；膨胀蛭石或膨胀珍珠岩的加热温度为 100 ~ 120℃。拌和料宜采用机械搅拌，色泽一致，无沥青团。压实程度根据试验确定，厚度应符合设计要求，表面应平整。

5. 保温和隔声材料一般均为轻质、疏松、多孔的纤维材料，而且强度较低。因此在储运和保管中应防止吸水、受潮、受雨、受冻，应分类堆放，不得混杂，要轻搬轻放，以免降低保温、吸声性能，并不使板状和制品体积膨胀而遭破坏。此类材料怕磕碰、重压等而缺楞掉角、断裂损坏，要保证外形完整。

 学习单元 7　地面工程隔热层施工

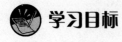 **学习目标**

➤ 掌握地面工程隔热层施工的基本要求及施工。

 **知识要求**

1. 绝热层材料的性能、品种、厚度、构造做法应符合设计要求和国家现行有关标准的规定。

2. 建筑物室内接触基土的首层地面应增设水泥混凝土垫层后方可铺设绝热层，垫层的厚度及强度等级应符合设计要求。首层地面及楼层楼板铺设绝热层前，表面平整度宜控制在 3 mm 以内。

3. 有防水、防潮要求的地面，宜在防水、防潮隔离层施工完毕并验收合格后再铺设绝热层。

4. 穿越地面进入非采暖保温区域的金属管道应采取隔断热桥的措施。

5. 绝热层与地面面层之间应设有水泥混凝土结合层，构造做法及强度等级应符合设计要求。设计无要求时，水泥混凝土结合层的厚度不应小于 30 mm，层内应设置间距不大于 200 mm × 200 mm 的 ϕ6 mm 钢筋网片。

6. 有地下室的建筑，地上、地下交界部位楼板的绝热层应采用外保温做法，绝热层表面应设有外保护层。外保护层应安全、耐候，表面应平整、无裂纹。

7. 建筑物勒脚处绝热层的铺设应符合设计要求。设计无要求时，应符合下列规定：

（1）当地区冻土深度不大于 500 mm 时，应采用外保温做法。

（2）当地区冻土深度大于 500 mm 且不大于 1 000 mm 时，宜采用内保温做法。

（3）当地区冻土深度大于 1 000 mm 时，应采用内保温做法。

（4）当建筑物的基础有防水要求时，宜采用内保温做法。

（5）采用外保温做法的绝热层，宜在建筑物主体结构完成后再施工。

8. 绝热层的材料不应采用松散型材料或抹灰浆料。

9. 绝热层施工质量检验尚应符合现行国家标准《建筑节能工程施工质量验收规范》（GB 50411—2007）的有关规定。

10. 绝热层材料应符合设计要求和国家现行有关标准的规定。

11. 绝热层材料进入施工现场时，应对材料的导热系数、表观密度、抗压强度或压缩强度、阻燃性进行复验。

12. 绝热层的板块材料应采用无缝铺贴法铺设，表面应平整。

13. 绝热层的厚度应符合设计要求，不应出现负偏差，表面应平整。

14. 绝热层表面应无开裂。

15. 绝热层与地面面层之间的水泥混凝土结合层或水泥砂浆找平层，表面应平整，允许偏差应符合表 6—2 中"找平层"的规定。

第 2 节　板块面层铺贴

 学习单元 1　板块面层铺贴一般规定

 学习目标

➤ 掌握板块面层铺贴的分类及一般规定。

 知识要求

一、板块面层铺贴分类

板块面层铺贴包括砖面层、大理石和花岗石面层、预制板块面层、料石面层、塑料板面层、活动地板面层、金属板面层、地毯面层、地面辐射供暖的板块面层等。

二、板块面层铺贴一般规定

1. 铺设板块面层时，其水泥类基层的抗压强度不得小于 1.2 MPa。

2. 铺设板块面层的结合层和板块间的填缝采用水泥砂浆时，应符合下列规定：

（1）配制水泥砂浆应采用硅酸盐水泥、普通硅酸盐水泥或矿渣硅酸盐水泥。

（2）配制水泥砂浆的砂应符合现行行业标准《普通混凝土用砂、石质量及检验方法标准》（JGJ 52—2006）的有关规定。

（3）水泥砂浆的体积比（或强度等级）应符合设计要求。

3. 结合层和板块面层填缝的胶结材料应符合国家现行有关标准的规定和设计要求。

4. 铺设水泥混凝土板块、水磨石板块、人造石板块、陶瓷锦砖、陶瓷地砖、缸砖、水泥花砖、料石、大理石、花岗石等面层的结合层和填缝材料采用水泥砂浆时，在面层铺设后，表面应覆盖、湿润，养护时间不应少于 7 天。当板块面层的水泥砂浆结合层的抗压强度达到设计要求后，方可正常使用。

5. 大面积板块面层的伸缝、缩缝及分格缝应符合设计要求。

6. 板块类踢脚线施工时，不得采用水泥混合砂浆打底。

7. 板块面层的允许偏差和检验方法应符合表 6—3 的规定。

表6—3

板、块面层的允许偏差和检验方法

允许偏差（mm）

项次	项目	陶瓷锦砖面层、高级水磨石板、陶瓷地砖面层	缸砖面层	水泥花砖面层	水磨石板块面层	大理石面层和花岗岩面层	塑料板面层	水泥混凝土板块面层	碎拼大理石、碎拼花岗岩面层	活动地板面层	条石面层	块石面层	检验方法
1	表面平整度	2	4	3	3	1	2	4	3	2	10	10	用2m靠尺和楔形塞尺检查
2	缝格平直	3	3	3	3	2	3	3	—	2.5	8	8	拉5m线和用钢尺检查
3	接缝高低差	0.5	1.5	0.5	1	0.5	0.5	1.5	—	0.4	2	—	用钢尺和楔形塞尺检查
4	踢脚线上口平直	3	4	—	4	1	2	4	1	—	—	—	拉5m线和用钢尺检查
5	板块间隙宽度	2	2	2	2	1	—	6	—	0.3	5	—	用钢尺检查

学习单元 2　陶瓷地砖地面铺贴

 学习目标

➤ 了解陶瓷地砖地面的材料要求。

➤ 掌握陶瓷地砖地面铺贴方法及步骤。

 知识要求

一、瓷砖地面的材料要求

1. 水泥

42.5 级以上普通硅酸盐水泥或矿渣硅酸盐水泥。

2. 砂

粗砂或中砂，含泥量不大于 3%，过 8 mm 孔径的筛子。

3. 面砖

进场验收合格后，在施工前应进行挑选，先剔除有质量缺陷的，然后将面砖按大、中、小三类挑选后分别码放在垫木上。色号不同的严禁混用。选砖用木条钉方框模子，拆包后逐块进行套选，长、宽、厚不得超过 ±1 mm，平整度用直尺检查。陶瓷地砖的种类不同，其吸水率也不相同。无釉红地砖吸水率不大于 8%，有釉各色地砖吸水率不大于 4%，陶瓷地砖吸水率不大于 2%。

二、作业条件

1. 墙上四周弹好 50 cm 水平线。

2. 地面防水层已经完成，室内墙面湿作业已经完成。

3. 穿楼地面的管洞已经堵严塞实。

4. 楼地面垫层已经完成。

5. 板块应预先用水浸湿并码放好，铺时达到表面无明水。

6. 复杂的地面施工前，应绘制施工大样图，并做出样板间，经检查合格后，方可大面积施工。

三、应用场所

陶瓷地砖既适用于宾馆、影剧院、展厅、医院、商场、办公楼等公用建筑的地面装修，也适用于家庭地面装修。经抛光处理的仿花岗石地砖，更具有华丽高雅的装饰效果，可用于中高档室内装饰。

四、施工步骤

基层处理→刷素水泥浆→抹底层灰→弹定位线→排版铺砖→拨缝→勾缝→清理→养护。

五、施工要点

1. 应将混凝土地面基层凿毛，凿毛深度为 5～10 mm，凿毛痕的间距为 30 mm 左右。之后，清净浮灰、砂浆、油渍等。

2. 铺贴前应弹好线，在地面弹出与门道口成直角的基准线，弹线应从门口开始，以保证进口处为整砖，非整砖置于阴角或家具下面，弹线应弹出纵横定位控制线。

3. 铺贴陶瓷地面砖前，应先浸泡陶瓷地面砖。陶瓷地砖浸泡的时间，应根据地砖的吸水率，略有差异，一般吸水率大则浸泡时间略长，吸水率小则浸泡时间略短。常用的地砖一般应浸泡 2～3 h，以浸泡至地砖不冒气泡为宜。

4. 铺贴地面时，将浸泡好的地砖竖立错位排放，块与块之间留有空隙，以利通风阴干。地砖晾干视气温和环境温度而定，一般为 3～5 h，即以地砖表面有潮湿感、无水膜、无水迹为准。

5. 铺贴地面时，水泥砂浆凝结硬化的条件是温度、湿度和养护时间。

6. 铺贴时，水泥砂浆应饱满地抹在陶瓷地面砖背面，铺贴后用橡胶锤敲实。同时，用水平尺检查校正，擦净表面水泥砂浆。

7. 铺贴完 2～3 h 后，用白水泥擦缝，用水泥∶砂子 = 1∶1（体积比）的水泥砂浆勾缝，缝要填充密实，平整光滑，再用棉丝将表面擦净。

六、质量验收

1. 各种面层所用的板块品种、质量必须符合设计要求。

检验方法：观察检查和检查材质合格证明检测报告。

2. 面层与下一层结合（黏结）必须牢固，无空鼓。

检验方法：用小锤轻击检查。

3．砖面层应表面洁净、图案清晰、色泽一致、接缝平整、深浅一致、周边顺直。板块无裂纹、掉角和缺棱等现象。

检验方法：观察检查。

4．面层邻接处的镶边用料尺寸应符合设计要求，且边角整齐、光滑。

检验方法：观察和用金属直尺检查。

5．楼踏步和台阶的铺贴缝隙宽度一致、齿角整齐，楼层梯段相邻踏步高差不超过 10 mm，防滑条顺直。

检验方法：观察和用金属直尺检查。

6．面层表面坡度应符合设计要求，不倒泛水，无积水，与地漏（管道）结合处牢固、无渗漏。

检验方法：观察、泼水或坡度尺及蓄水检查。

七、质量缺陷防治

1．基层表面必须清除干净，并浇水湿润不得有积水，基层表面应均匀涂刷纯水泥浆。

2．面层在铺贴前浸水湿润，并将板背面浮灰杂物清扫干净。

3．加强进场质量检验，对几何尺寸不准、翘曲、歪斜、厚薄偏差过大等地砖要挑出。

4．铺贴前，应由专人负责从楼道统一往房间引进标高线。房间内应四边取中，在地面上弹出十字线，铺好分段标准块后，由中间向两侧和后退方向铺贴，随时用水平尺和直尺找平，缝隙必须通跃拽线，不能有偏差。分段尺寸要事先排好定死，以免最后一块铺不上或缝隙过大。

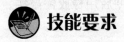 **技能要求**

陶瓷地砖地面铺贴

一、基层处理、定标高、冲筋、装档、刮杠

将基层表面的浮土或砂浆铲掉，清扫干净，有油污时，应用钢丝刷蘸10%的火碱水刷净，并用清水冲洗干净；光滑混凝土基层应进行凿毛处理，凿毛深 5～10 mm，

凿毛痕的间距为 30 mm 左右，凿毛后的残渣应清洗干净。

在清理好的基层上浇水，洇透，撒干水泥浆并扫匀，水灰比为 0.4～0.5，扫浆面积的大小视打底速度快慢而定，应随扫随铺。

房间四周从墙面 +50 cm 水平线下反至底灰上部标高，以此在地板上抹标志块。房间中每隔 1 m 左右冲筋一道，冲筋用和底灰配合比相同的干硬性砂浆制作。

装档时，先抹底灰水泥砂浆，其配合比一般为 1∶3 或 1∶4（体积比），厚度为 12～15 mm。根据冲筋的高度，用小平锹或木抹子将砂浆摊平、拍实。

刮杠、搓毛时，用小刮杠顺冲筋刮平，使所铺砂浆与冲筋找平，用大刮杠横竖检查是否平整，随后用木抹子搓平、搓毛。使用木抹子时，应顺时针方向旋转移动搓毛，视情况，蘸少量水抹压，旋转搓毛、搓平。

二、弹控制线

先根据排砖图确定铺砌的缝隙宽度，一般为：缸砖 10 mm；卫生间、厨房通体砖 3 mm；房间、走廊通体砖 2 mm。根据排砖图及缝宽在地面上弹纵、横控制线。具体如下：

1. 以房间中心点为中心，弹出两条相互垂直的定位线。
2. 根据瓷砖尺寸在定位线上进行分格，定位中线。
3. 当整个房间能排偶数块瓷砖时，中心线就是瓷砖的接缝。
4. 当整个房间能排奇数块瓷砖时，中心线在瓷砖中心位置上。

其中室内中心线是根据室内两墙面中心位置确定的，在四面墙中心拉中线，利用勾股定理 3、4、5 的整倍数确定十字线（确定直角）。中心线一般弹在地上和墙上，弹在地上的利于铺贴，弹在墙上的利于检查，修正一般用墨线。

为了保证走廊与室内地坪在同一标高上，以及板缝一致，在门口中心拉一条通线，高度与十字线相等并采用几何方法确定为直角线，画在走廊墙面上，同时将标准线固定在相邻的墙上。

室内与走廊分界线的确定，是依据两处材料颜色不一样时，将分界线放在门口门扇中间处。

三、排版

地砖铺贴的排版图应根据设计图样和现场的实际情况综合确定。一般是从门口开始，向内排版，门口处不宜出现不完整砖，应距墙面留 200～300 mm 作为调整区，尽可能减少切割砖，如有切割砖，尽可能留在不显眼的墙边。

四、铺砖

铺室内地砖有多种方法，独立小房间可以从里边的一个角开始。相连的两个房间，应从相连的门中间开始。一般是从门口开始，纵向先铺几行砖，找标准，标砖高应与房间四周墙上砖面控制线齐平，从里向外退着铺砖，每块砖必须与线靠平。两间相通的房间，则从两个房间相通的门口画一中心线贯通两间房，再在中心线上先铺一行砖，以此为准，然后向两边方向铺砖。如有柱子的大厅，先铺柱子与柱子之间的部分，然后向两边展开。也可沿两侧墙处按弹线和地面标高线先铺一行作为标筋，中间铺设以此为准。

铺贴地面应先设置标准块。设置标准块的工艺步骤是确定标准块位置，然后进行标准块的校正、标准带铺设，分块拉线。

1. 确定标准块的位置

（1）当房间布板设计为奇数块时，标准块位置设在十字线交叉点处最中间。

（2）当房间布板设计为偶数块时，十字中心线为中缝，可在十字线交叉点对角线安放两块标准块。

2. 铺贴标准块的设置与校正

根据地面标高十字线拉线与标高线相吻合的要求，基层铺一道 3 mm 厚的素水泥浆，再铺一层 1∶2 的干硬性水泥砂浆并刮平，铺放标志块后用水平尺找水平，用角尺找垂直；校正时用橡胶锤或木锤轻敲，使水平尺气泡居中，平面交角为 90°，标高以十字拉线为准。

3. 标准带的铺设

以标准块为准，按墙面分块线横竖双向拉双线，按铺贴标准块的方法铺贴十字控制带，方法是从标准块向两个方向铺贴。

如按定位线铺贴瓷砖，砖背面抹满、抹匀 1∶1 的黏结砂浆，厚度为 10～15 mm，砂浆应随拌随用，以防干结，影响黏结效果，按照纵横控制线将抹好砂浆的地砖，准确地铺贴在浇好水泥素浆的找平层上，砖的上棱要跟线找平，随时注意横平竖直。用木拍板或木锤（橡胶锤）敲实、找平，要经常用八字尺侧口检查砖面平整度，贴得不实或低于水平控制线高度的要抠出补浆重贴，再压平敲实。铺砖还有以下三种方法：一是地面若镶边的应先铺贴镶边部分，再铺贴中间图案和其他部分，铺砖要靠拉线比齐。二是在找平层上撒一层干水泥面，浇水后随即铺砖。三是在砖背面刮素水泥浆或满抹 10～15 mm 厚的混合砂浆，然后粘贴，用小木锤敲实。如果水泥中加入适量 107 胶（需经试验确定加入量）可以增加黏结强度。若设计是宽缝时，横向借助米厘条，纵向拉线找齐。铺完一排后在砖边加米厘条，保持一段时间后取出米厘条，并清理缝隙，米厘条清洗干净备用。地砖与踢脚线一般是同一颜色，长度也相同，以求协调统一。应先铺踢脚砖后贴地砖。如果铺贴地面有坡度要求，铺贴地面找坡度的方法是用带刻度的水准尺和坡度尺，在施工中多以拉线尺找坡度。地砖组合铺贴变化较多，有利于提高地砖装饰艺术感。

五、拨缝、调整

可在已铺完的砖面层上用喷壶洒水、润湿砖面（对红缸砖之类的无釉砖尤其必要），然后垫一块大而平的木板，人站在板上，进行拨缝、拍实的操作。为保证砖缝横平竖直，可拉线比齐拨缝修理。将缝内多余的砂浆剔除干净，将砖面拍实，如有污浆或坏砖，应及时抠出添浆重贴或更换砖块。

六、勾缝

用 1:1 水泥细砂浆勾缝，缝内深度宜为砖厚的 1/3，要求缝内砂浆密实、平整、光滑。随勾随将剩余水泥砂浆清走、擦净。

七、擦缝

如设计要求缝隙很小时，则要求接缝平直，在铺实修好的面层上用浆壶往缝内浇水泥浆，然后将干水泥撒在缝上，再用棉纱团擦揉，将缝隙擦满。最后将面层上的水泥浆擦干净。

八、养护

铺设水泥类面层及水泥花砖、陶瓷锦砖、陶瓷地砖等面层后 24 h，其表面应覆盖湿润养护，且养护时间为 4 ~ 5 天。当水泥类面层的抗压强度达到 5 MPa 及板块面层的水泥砂浆结合的抗压强度达到 1.2 MPa 时，方可准许人员行走。当上述面层或结合层的抗压强度达到设计要求后，方可正常使用。不得在地面上堆放可能使地面受到破坏的杂物。手推车需要经过所铺地面时，必须铺设木板。严禁在已完成的面层上堆放或拌和各种砂浆和混凝土，也不得在上面进行切割作业。试拼应在地面平整的房间或操作棚内进行。调整板块的人员宜穿干净的软底鞋，以免在搬动调整板块时损伤面层。地面铺设时，对所接触的电线管、暖卫管等要有保护措施。

学习单元3 缸砖、水泥砖地面铺贴

 学习目标

➢ 掌握缸砖、水泥砖地面铺贴方法及步骤。

 技能要求

缸砖、水泥砖地面铺贴

1. 在清理好的地面上，找好规矩和泛水，扫一道水泥浆，再按地面标高留出缸砖或水泥砖的厚度，并做灰饼。用1：（3~4）干硬性水泥砂浆（砂子为粗砂）冲筋、装档、刮平，厚约2 cm，刮平时砂浆要拍实。

2. 在铺砌缸砖或水泥砖前，应把砖用水浸泡2~3 h，取出干后使用。铺贴面层砖前，在找平层上撒一层干水泥面，洒水后随即铺贴。面层铺砌有两种方法：碰缝锚砌法和留缝铺砌法。

（1）碰缝锚砌法

这种铺法不需要挂线找中，从门口往室内铺砌，非整块面砖需进行切割。铺砌后用素水泥浆擦缝，并将面层砂浆清洗干净。在常温条件下，铺砌24 h后浇水养护3~4天，养护期间不能上人。

（2）留缝铺砌法

根据排砖尺寸挂线，一般从门口或中线开始向两边铺砌，如有镶边，应先铺贴镶边部分。铺贴时，在已铺好的砖上垫好木板，人站在板上往里铺，铺时先撒干水泥面，横缝用米厘条铺一皮放一根，竖缝根据弹线走齐，随铺随清理干净。

已铺好的面砖，用喷壶浇水，在浇水前应进行拍实、找平和找直，次日用1：1的水泥砂浆灌缝。最后清理面砖上的砂浆，如图6—3所示。

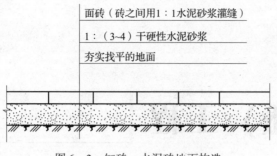

图6—3　缸砖、水泥砖地面构造

学习单元4　陶瓷锦砖地面铺贴

学习目标

➤ 掌握陶瓷锦砖地面铺贴方法。

技能要求

陶瓷锦砖地面铺贴步骤

一、在清理好的地面上，找好规矩和泛水，扫好水泥浆，再按地面标高留出陶瓷锦砖厚度做灰饼，用1:（3～4）干硬性水泥浆（砂为粗砂）冲筋、刮平厚约2 cm，刮平时砂浆要拍实。

二、刮平后撒上一层水泥面，再稍洒水（不可太多）将陶瓷锦砖铺上。两间相通的房屋，应从门口往中间拉线，先铺好一张然后往两面铺；单间的从墙角开始（如房间稍有不方正时，在缝里分均）。有图案的按图案铺贴。铺好后用小锤、拍板将地面普遍敲一遍，再用扫帚淋水，约0.5 h后将护口纸揭掉。

三、揭纸后依次用1:2水泥砂子干面灌缝、拨缝，灌好后用小锤、拍板敲一遍，用抹子或开刀将缝拨直；最后用1:1水泥砂子（砂子均要过窗纱筛）干面扫入缝中扫严，将余灰砂扫净，用锯末将面层扫干净成活。

四、陶瓷锦砖宜整间一次镶铺。如果一次不能铺完，须将接茬切齐，余灰清理干净。交活后第二天铺上干锯末养护，3～4天后方能上人，但严禁敲击。

第7章

饰面砖（板）工程

第1节 内墙镶贴

学习单元1 内墙镶贴基础知识

学习目标

➢ 掌握内墙镶贴的构造要求、使用材料和工具及工艺流程。

知识要求

一、内墙镶贴的构造要求

在室内装饰中瓷砖常作为地面和墙面装饰饰面材料。在洗手间、卫生间、厨房间常用彩色和白色瓷砖装饰墙面，其构造如图7—1所示。瓷砖装饰墙面和地面，使房间显得干净整洁，同时不易积垢，做清洁卫生工作方便。瓷砖粘贴主要采用水泥砂浆。

二、使用材料和工具

1. 水泥

42.5级普通水泥或矿渣水泥。

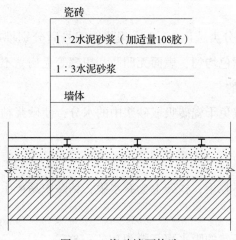

图7—1 瓷砖墙面构造

2. 白水泥

32.5级白水泥，用于调制素水泥浆擦缝用。

3. 砂

选用中砂，应用窗纱过筛，含泥量不大于3%。底层用1:3水泥砂浆。贴砖用1:2水泥砂浆。

4. 瓷砖

对瓷砖进行严格挑选，要求砖角方正、平整，规格尺寸符合设计要求，无隐裂，颜色均匀；无凹凸、扭曲和裂纹夹心现象。挑出不合要求的砖块，放在一边留作割砖时用，然后把符合要求的砖浸入水内，在施工作业的前一夜取出并沥干水分待用。

5. 其他材料

根据需要可备108胶适量掺入砂浆中提高砂浆的和易性和黏结能力。白灰膏必须充分熟化。

6. 使用工具

水平尺、线锤、2 m托线板、透明水管、墨线、粉线、靠尺若干、方尺、开刀、钢錾子、木工锤、粉线包、合金小錾子、钢丝钳、饰面板材切割机、小铲刀、备用若干抹布与其他常用抹灰工具。

三、内墙瓷砖的相关知识

1. 内墙瓷砖的种类

按瓷砖釉面分为白釉瓷砖、彩釉瓷砖、图案瓷砖。

2. 选瓷砖的方法

一般按 1 mm 差距分类选出 1 ~ 3 个规格，编号后分别堆放。选砖时要求方正无裂缝，边角完好，颜色均匀，表面无凹凸和扭翘等毛病，不合格的砖不得使用。

3. 浸泡瓷砖的目的

浸泡瓷砖是为了避免干瓷砖吸取砂浆中的水分，使砂浆粘贴不牢，造成脱落空鼓现象。

4. 瓷砖的晾干

浸泡后的瓷砖若不晾干，瓷砖上会有水膜，粘贴中易产生滑落现象。

5. 瓷砖的吸水率

用于内墙镶贴的瓷砖的吸水率一般为9% ~ 18%。

四、工艺流程

瓷砖挑选、浸泡及晾干→基层处理→吊垂直、套方、找规矩、贴灰饼→抹底层砂浆→弹线分格→排砖→弹线→挂线→镶贴面砖→面砖勾缝与擦缝。

 学习单元2 内墙瓷砖的基层处理

 学习目标

➢ 掌握各类内墙瓷砖的基层处理。

 技能要求

内墙瓷砖的基层处理

内墙瓷砖的基层处理要求：镶贴瓷砖的基层处理后，要求垂直、平整、毛糙。

一、基层为混凝土的基层处理

首先将突出墙面的混凝土剔平，对用大钢模施工的混凝土面墙应凿毛，并用钢丝刷满刷一遍，再浇水湿润。如果基层混凝土表面很光滑，也可采取"毛化处理"

办法，即先将表面尘土、污垢清扫干净，再用 10% 火碱水将板面的油污刷掉，随之用净水将碱液冲净、晾干，在填充墙与混凝土接槎处，应采取防止开裂的加强措施，当采用加强网时，加强网与各基体的搭接宽度不应小于 100 mm。然后用 1∶1 水泥细砂浆内掺适量胶合剂，喷或用笤帚将砂浆甩到墙上，其甩点要均匀，终凝后浇水养护，直至水泥砂浆疙瘩全部粘到混凝土光面上，并有较高的强度（用手掰不动）为止。

二、基层为砖墙的基层处理

墙面凸出的部分要剔平，清理墙面残余砂浆、灰尘、污垢、油渍等，墙面必须清扫干净，并提前浇水湿润。

三、基层为加气混凝土块的基层处理

用扫帚和钢丝刷清除墙面残余砂浆、灰尘、污垢、油渍，用水湿润墙面，湿润深度以 10 mm 为宜。

学习单元 3　混凝土内墙瓷砖的镶贴

学习目标

➤ 掌握混凝土内墙瓷砖的镶贴。

知识要求

一、底层水泥砂浆的质量要求

1. 底灰水泥砂浆的配合比

镶贴瓷砖的底灰水泥砂浆的配合比为 1∶2.5 或 1∶3。

2. 底灰水泥砂浆的厚度

镶贴瓷砖的底灰水泥砂浆的厚度为 7~12 mm，要分层抹平，每层不超过 7 mm。

3. 水泥砂浆底灰的养护

镶贴瓷砖时，对搓毛的底层灰，待水泥终凝后要进行浇水养护，时间一般为

1~2天。

4. 底灰水泥砂浆掺加的聚合物

贴瓷砖时，在水泥浆中掺入聚合物是为了增强黏结力，如掺加聚乙烯胶及聚酯酸乙烯乳液（白乳液）。

二、水泥砂浆找平层的质量要求

1. 水泥砂浆的找平层

镶贴瓷砖时，水泥砂浆的找平层是底层砂浆与黏结砂浆的过渡层，必须抹平、搓毛。

2. 水泥砂浆找平层的厚度

镶贴瓷砖时，在底层灰上划纹，稍收水后可抹制厚 12 mm 的水泥砂浆作为找平层。

三、水泥砂浆粘贴法砂浆的质量要求

1. 水泥砂浆粘贴法砂浆的配合比

镶贴瓷砖时，采用水泥砂浆粘贴法的砂浆配合比为 1∶1 的水泥砂浆或纯水泥浆。

2. 粘贴法砂浆的厚度

采用水泥砂浆粘贴法镶贴瓷砖时，砂浆的厚度应大于 5 mm，不宜超过 8 mm。

3. 黏结剂法黏结浆料的配制

普通水泥加 SG 8407 胶液拌和至适宜施工稠度即可（不加水）。

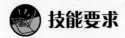 **技能要求**

镶贴混凝土内墙瓷砖

步骤 1：吊垂直、套方、找规矩、贴灰饼

大墙面、门窗口边弹线找规矩，必须由板底到楼层地面一次进行，弹出垂直线，并决定面砖出墙尺寸，分层设点做灰饼，横线以 +50 cm 标高线为水平基准线交圈控制，竖向线则以 4 个阴角两边的垂直线为基准线进行控制。每层打底时则以此灰饼为基准点进行冲筋，使基底层灰平整垂直。

步骤 2：抹底层砂浆

先刷一道掺适量胶合剂的水泥素浆，紧跟着分层分遍抹底层砂浆（常温时采用配合比为 1∶3 水泥砂浆），第一遍厚度宜为 5 mm，抹后用木抹子搓平，隔天浇水养护；待第一遍六七成干时，即可抹第二遍，厚度约 7 mm，随即用木杠刮平、木抹子搓毛，如图 7—2 所示。隔天浇水养护，若需要抹第三遍时，其操作方法同第二遍，直

图 7—2　抹灰找平

至把底层砂浆抹平为止。当抹灰层厚度超过 20 mm 应采取加固措施。

步骤 3：排砖

瓷砖在镶贴前应预排，以便使接缝均匀。预排时，要注意同一墙面的横竖排列，不得有一行以上的非整砖。非整砖行应排在次要部位的阴角处，方法是预排时要注意用接缝处宽度调整砖行。瓷砖排列主要有两种方法：一种是同缝排列，使瓷砖竖向横向砖缝跟通；另一种是错缝排列，使瓷砖横向砖缝跟通，竖向交叉、上下两皮砖相互错开 1/2。排列要求在考虑饰面协调的情况下，尽量减少非整砖的使用，对不可避免出现的非整砖要排在阴角处或不能直视到的部位。

室内镶贴如无设计要求时，接缝宽度可在 1~1.5 mm，在突出的管线、灯具设备的部位，应整砖套割吻合，不能用非整砖拼凑镶贴，以保证饰面的美观。对采用阴阳角条等配件砖的饰面，要考虑留出阴阳角的位置。墙中装有水池、镜箱的，应按水池、镜箱的中心线向两边排砖。排砖要从上到下，非整砖排在下面墙根处。

步骤 4：弹线

（1）弹线步骤

量具准备、垂直线测弹、水平线测弹、分格线测弹、检查复核。

（2）墙面中心垂直线的测弹

一般在抹完底层灰后，用钢尺量出中心点，由中心点挂线确定上下两点，用墨线或粉线弹出垂直线。

（3）柱面中心垂直线的测弹

一般在抹完底层灰后，在柱角挂线找方，用钢尺量出中心点，由中心点挂线，确定上下两点后弹出垂直线。

（4）标准水平线的测弹

根据设计标高，利用水准仪在墙面上测弹水平线，如图7—3所示。该线是根据±0.000或楼层标高测弹在墙面上的，是已知标高的基准水平线。

图7—3 墨斗弹线

（5）踢脚板水平线的测弹

根据标准水平线，在同一墙面上用钢尺往下至少要量取两处并画线。依据所画的线用水平尺检查后拉墨线，弹出踢脚板水平线。

（6）第一排瓷砖水平线的测弹

根据标准水平线及瓷砖外皮厚度垂直线，参考踢脚板和地面做法，确定第一排瓷砖位置线，沿标准线向下测量至少两点，根据两点弹水平墨线，用水平尺校正，确定为第一排标高线。

（7）墙面分格线的测弹

根据所弹垂直线和水平线，按照石板材长宽尺寸及缝隙位置测弹分格线。测弹时先垂直后水平或反之均可。

在抹找平层后，检查确定内墙表面平整度、垂直度，满足要求后，在墙两端用墨斗弹出竖线，沿竖线按瓷砖尺寸加1 mm，以此为各瓷砖的水平皮数基准。随后距地面一定高度弹水平线。基准瓷砖的底部与水平线一致。

步骤5：拉线

在两侧的竖向定位瓷砖带上镶贴时，分层拉线。拉线也可挂在设置的皮数杆上，皮数杆上标有瓷砖块数、灰缝厚度及排版布置线。

镶贴瓷砖时做标志，是以两侧的基准瓷砖为依据，有吊顶及踢脚线的标志块可在高于吊顶和低于踢脚线上线的位置设置标准块。在阴阳角处用废瓷砖做标志块，找出墙面黏结层厚度。如无阳角条镶边，对阳角要两面挂直（见图7—4、图7—5）。按灰饼进行作业整个墙面做好厚度控制，并做到转角大面压小面、立面压平面的要求。

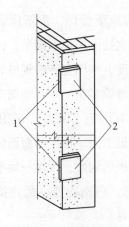

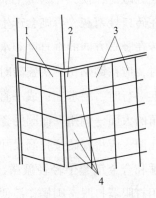

图 7—4 双面挂直

1—小面挂直靠平 2—大面挂直靠平

图 7—5 边角

1，3，4——面圆 2——两面圆

步骤 6：镶贴瓷砖

按地面水平线嵌上一根八字尺或直靠尺，用水平尺校正，作为第一行瓷砖水平方向的依据。镶贴时，瓷砖的下口坐在八字尺或直靠尺上，这样可防止釉面砖因自重下滑，以确保其横平竖直。镶贴瓷砖宜从阳角开始，并由下往上进行。

镶贴瓷砖时，采用水泥砂浆粘贴法的砂浆配合比为 1∶1 的水泥砂浆或纯水泥浆，砂浆的厚度应大于 5 mm，不宜超过 8 mm。为了便于操作，可掺入不大于水泥用量 15% 的石膏灰，用装有木柄的铲刀在瓷砖的背面刮满刀灰，用专用锯齿抹子可以适当减少砂浆用量，如图 7—6 所示。砂浆的用量以镶贴后刚好满浆为止，如图 7—7 所示。

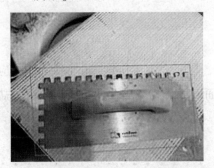

图 7—6 锯齿抹子

图 7—7 瓷砖背面满刮灰浆

如果采用黏结剂法黏结瓷砖，浆料的配制是普通水泥加 SG 8407 胶液拌和至适宜施工稠度即可（不加水），瓷砖可以不用提前浸水。

按所弹尺寸线，将瓷砖坐在八字尺或直靠尺上，贴于墙面用力按压，使其略高于标志块，用橡胶锤敲实，如图 7—8 所示，使瓷砖紧密粘于墙面，再用靠尺按标志块将其校正平直。镶贴完整行的瓷砖后，再用长靠尺横向校正一次。对于高出标志块的应轻轻敲击，使其平齐，若低于标志块时应取下瓷砖，重新抹满刀灰再镶贴，不得在砖口处塞灰，否则会产生空鼓。然后依次按上法往上镶贴，镶贴时应尽量相邻瓷砖在竖直方向的垂直度和水平方向的平整度，如因瓷砖的规格尺寸或几何形状不等时，应在镶贴每一块瓷砖时随时调整，使缝隙宽窄一致，如图7—9所示。当贴到最上一行时，要求上口成一直线。上口如没有压条（镶边），应用一面圆的瓷砖；阳角的大面一侧用一面圆的瓷砖；这一排的最上面一块用两面圆的瓷砖。如墙面留有孔洞，应将瓷砖按孔洞尺寸与位置用陶瓷铅笔划好，放在一块平整坚硬物体上用小锤和合金钢錾子轻轻敲凿，先将面层凿开，再凿内层，凿到符合要求为止。如使用打眼器打眼，则操作简便，且可保证质量。

图7—8　橡胶锤敲实

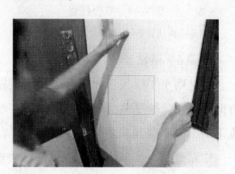
图7—9　瓷砖间留缝

步骤7：留缝大小调整

根据瓷砖的尺寸，在砖与砖之间预留相应尺寸的缝隙留待嵌缝，如图7—9所示。可用牙签等先固定，黏结剂具有一定的可调整性，可对留缝的大小进行调整。

步骤8：面砖勾缝与擦缝

瓷砖贴完后，用清水将瓷砖表面洗干净，横竖缝为干挤缝，小于3 mm的应用白水泥配颜料进行擦缝处理。大于3 mm的面砖缝子勾完后，用布或棉丝蘸稀盐酸擦洗干净。

 学习单元4　砖墙内墙瓷砖的镶贴

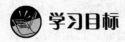 **学习目标**

➢ 掌握砖墙内墙瓷砖的镶贴。

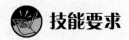 **技能要求**

镶贴砖墙内墙瓷砖

大墙面门窗口边弹线找规矩，必须一次进行，弹出垂直线，并决定面砖出墙尺寸，分层设点、做灰饼。横线则以 +50 cm 标高为水平基线交圈控制，竖向线则以4 个阳角两边的垂直线为基准线控制。每层打底时则以此灰饼作为基准点进行冲筋，使基底层灰做到横平竖直。

抹底层砂浆时，先把墙面浇水湿润，然后用 1∶3 水泥砂浆刮一道约 6 mm 厚底层砂浆，紧跟着用同强度等级的砂浆与所冲的筋抹平，随即用木杠刮平，木抹搓毛，隔天浇水养护。其他做法同混凝土墙面。

 学习单元5 加气混凝土块内墙瓷砖的镶贴

 学习目标

➤ 掌握加气混凝土块内墙瓷砖的镶贴。

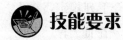 **技能要求**

镶贴加气混凝土块内墙瓷砖

基层为加气混凝土墙面时，可酌情选用下述两种方法中的一种。

方法一：用水湿润加气混凝土表面，修补缺棱掉角处。修补前，先刷一道聚合物水泥浆，然后用水泥∶白灰膏∶砂子 = 1∶3∶9 的混合砂浆分层补平，随后刷聚合物水泥浆并抹 1∶1∶6 水泥混合砂浆打底，木抹子搓平，隔天浇水养护。

方法二：用水湿润加气混凝土表面，在缺棱掉角处刷聚合物水泥浆一道，用1∶3∶9 水泥混合砂浆分层补平，待干燥后，钉金属网一层并绷紧。在金属网上分层抹 1∶1∶6 水泥混合砂浆打底（最好采取机械喷射工艺），砂浆与金属网应结合牢固，最后用木抹子轻轻搓平，隔天浇水养护。其他做法同混凝土墙面。

第 2 节　外墙饰面砖镶贴

 学习目标

➢ 掌握外墙镶贴使用的材料、工具。

➢ 了解外墙镶贴的注意事项。

➢ 掌握外墙镶贴的施工步骤。

 知识要求

一、使用材料及工具

1. 水泥

水泥不得用低于 42.5 级普通硅酸盐水泥或矿渣硅酸盐水泥。

2. 砂子

选用中砂，用作填灰、刮糙、做黏结砂浆；细砂用作勾缝。纸筋灰和石灰膏经熟化稠度在 8 cm 左右。打底用砂浆配合比为水泥:砂子 = 1:3。

3. 外墙饰面砖

（1）外墙饰面砖工程中采用的陶瓷砖对不同气候区必须符合下列规定：在Ⅰ、Ⅵ、Ⅶ区，吸水率不应大于3%，在Ⅱ区，吸水率不应大于6%。在Ⅲ、Ⅳ、Ⅴ区，冰冻期一个月以上的地区吸水率不宜大于6%。

（2）外墙饰面砖宜采用背面有燕尾槽的产品。外墙贴面砖规格和性能见表7—1。面砖要事先进行挑选，要求面砖尺寸规格符合要求，砖角方正，无隐裂，无凹凸，无扭曲，无夹心砖，颜色均匀一致。

表 7—1　　　　　　　　　外墙贴面砖的规格、性能

种类		一般规格 （mm×mm×mm）	性能	用途
名称	说明			
彩釉砖	有白、浅黄、深黄红、绿等色			
	有粉红、蓝、绿、金砂釉、黄、白等色			

续表

种类		一般规格 （mm×mm×mm）	性能	用途
名称	说明			
地面砖	表面有突起线纹，有釉，并有黄、绿等色	200×100×12 150×75×12 75×75×8 108×108×8	质地坚固，吸水率不大于6%，色调柔和，耐水，抗冻，经久耐用	用于建筑外墙，做装饰及保护墙面用
立体彩釉砖	表面有突起立体图案，有釉			

外墙饰面砖在工程施工前，应具有生产厂的出厂检验报告及产品合格证。进场后应对尺寸、表面质量、吸水率、抗冻性等项目进行复检。复检抽样应按现行国家标准《陶瓷砖试验方法》（GB/T 3810—2006）执行，技术性能应符合相关规定。

4. 水泥基黏结材料

以水泥为主要原料配有改性成分用于外墙饰面砖粘贴的材料即为水泥基黏结材料。

外墙饰面砖粘贴应采用水泥基黏结材料，其中包括现行行业标准《陶瓷墙地砖胶黏剂》（JC/T 547—2005）规定的 A 类及 C 类产品。不得采用有机物作为主要黏结材料。

水泥基黏结材料应符合现行行业标准《陶瓷墙地砖胶黏剂》（JC/T 547—2005）的技术要求并应按现行行业标准《建筑工程饰面砖黏结强度检验标准》（JGJ 110—2008）的规定，在实验室进行制样、检验，黏结强度不应小于0.6 MPa。

水泥基黏结材料应采用普通硅酸盐水泥或硅酸盐水泥，其性能应符合现行国家标准《通用硅酸盐水泥》（GB 175—2007）的技术要求，硅酸盐水泥强度等级不应低于32.5 级，普通硅酸盐水泥强度等级不应低于42.5 级。

水泥基黏结材料中采用的砂应符合现行行业标准《普通混凝土用砂、石质量及检验方法标准》（JGJ 52—2006）的技术要求，其含泥量不应大于3%。

勾缝应采用具有抗渗性的黏结材料。

5. 工具

常用抹灰工具有水平尺、靠尺板、托线板、方尺、刮尺、砖缝嵌条、手提割刀、擦布及勾缝工具。

二、室外贴面砖施工注意事项

1. 要及时清擦干净残留在门窗框上的砂浆，特别是铝合金门窗框宜粘贴保护膜，预防污染、锈蚀。

2. 认真贯彻合理的施工顺序，外墙贴面砖应在其他影响面砖质量的工种完成之后方可施工。若不同工种穿插施工，应有成品保护措施。

3. 操作前检查脚手架和跳板是否搭设牢固，高度是否满足操作要求，合格后才能上架操作，凡不符合安全之处应及时改正。

4. 禁止穿硬底鞋、拖鞋、高跟鞋在架子上工作，架子上不得集中堆放重物，工具要搁置稳定，以防坠落伤人。

5. 在两层脚手架上操作时，应尽量避免在同一条垂直线上工作，必须同时作业时，对下层操作人员应设置防护措施。

6. 油漆粉刷不得将油漆喷滴在已完的饰面砖上，若不慎污染饰面砖，应及时擦净，必要时可采用贴纸或胶黏带等保护措施。

7. 夜间临时用的移动照明灯，必须使用安全电压。机械操作人员须培训持证上岗，现场一切机械设备必须设专人操作。手持电动工具操作者必须戴绝缘手套。

8. 雨后、春暖解冻时应及时检查外脚手架，防止沉陷造成事故。

9. 各抹灰层在凝结前应防止风干、暴晒、水冲和振动，以保证各层有足够的强度。

10. 合理安排作业时间，尽量减少夜间作业，以减少施工时机具的噪声污染，避免影响施工现场内或附近居民休息。

11. 装饰材料在运输、保管和施工过程中，必须采取措施防止损坏和变质。

12. 对于密封材料及清洗溶剂等可能产生有害物质或气体的材料，应做到专人保管，以免对环境造成污染。

13. 雨季镶贴室外饰面砖，应有防止暴晒的可靠措施。

14. 冬季施工，一般只在冬季初期施工，严寒阶段不得施工。

（1）砂浆的使用温度不得低于5℃，砂浆硬化前，应采取防冻措施。

（2）用冻结法砌筑的墙，应待其解冻后再抹灰。

（3）镶贴砂浆硬化初期不得受冻。气温低于5℃时，室外镶贴砂浆内可掺能降低临界温度的外加剂，其掺量应由试验确定。

（4）为了防止灰层早期受冻，并保证操作质量，其砂浆内的白灰膏和黏结胶均不能使用，可采用同体积粉煤灰代替或改用水泥砂浆抹灰。

三、外墙饰面砖工程主要内容

1. 外墙饰面砖的品种、规格、颜色、图案和主要技术性能。

2. 找平层、结合层、黏结层、勾缝等所用材料的品种和技术性能。

3. 基体处理。

4. 外墙饰面砖的排列方式、分格和图案。

5. 外墙饰面砖粘贴的伸缩缝位置，接缝和凹凸处的墙面构造。

6. 墙面凹凸部位的防水、排水构造。

四、基体处理应符合下列规定

1. 当基体的抗拉强度小于外墙饰面砖粘贴的黏结强度时，必须进行加固处理。加固后应对粘贴样板进行强度检测。

2. 对加气混凝土、轻质砌块和轻质墙板等基体，若采用外墙饰面砖，必须有可靠的黏结质量保证措施。否则，不宜采用外墙饰面砖饰面。

3. 对混凝土基体表面，应采用聚合物水泥砂浆或其他界面处理剂做结合层。

五、其他规范要求

1. 找平层材料的抗拉强度不应低于外墙饰面砖粘贴的黏结强度。

2. 外墙饰面砖粘贴应设置伸缩缝。竖向伸缩缝可设在洞口两侧或与横墙、柱对应的部位；水平伸缩缝可设在洞口上、下或与楼层对应处。伸缩缝的宽度可根据当地的实际经验确定。当采用预粘贴外墙饰面砖施工时，伸缩缝应设在预制墙板的接缝处。

3. 伸缩缝应采用柔性防水材料嵌缝。

4. 墙体变形缝两侧粘贴的外墙饰面砖，其间的缝宽不应小于变形缝的宽度。

5. 面砖接缝的宽度不应小于 5 mm，不得采用密缝。缝深不宜大于 3 mm，也可采用平缝。

6. 墙面阴阳角处宜采用异形角砖。阳角处也可采用边缘加工成 45°角的面砖对接。

7. 对窗台、檐口、装饰线、雨篷、阳台和落水口等墙面凹凸部位，应采用防水和排水构造。

8. 在水平阳角处，顶面排水坡度不应小于 3%；应采用顶面面砖压立面面砖，立面最低一排面砖压底平面面砖等做法，并应设置滴水构造。

六、工艺流程

基层处理→吊垂直、套方、找规矩→贴灰饼→抹底层砂浆→弹线分格→排砖→浸砖→镶贴面砖→面砖勾缝与擦缝。

七、成品保护

1. 外墙饰面砖粘贴后，对因油漆、防水等后续工程而可能造成污染的部位，应采取临时保护措施。

2. 对施工中可能发生碰损的入口、通道、阳角等部位，应采取临时保护措施。

3. 应合理安排水、电、设备安装等工序，及时配合施工，不应在外墙饰面砖粘贴后开凿孔洞。

八、验收

1. 外墙饰面砖工程应在全部完成，并提交施工工艺和质量检测文件后进行验收。

2. 施工工艺和质量检测文件应包括：

（1）外墙饰面砖工程的设计文件、设计变更文件、洽商记录等。

（2）外墙饰面砖的产品合格证、出厂检验报告和进场复检报告。

（3）找平、黏结、勾缝材料的产品合格证和说明书，出厂检验报告，进场复检报告，配合比文件。

（4）外墙饰面砖的黏结强度检验报告。

（5）施工技术交底文件。

（6）施工工艺记录与施工质量检测记录。

3. 外墙饰面砖工程验收时，应对施工工艺和质量检测文件进行检查，并对工程实物进行观感检查和量测。

4. 施工工艺和质量检测文件的检查应符合下列要求：

（1）施工工艺文件应经过整理，并齐全。

（2）外墙饰面砖和找平、黏结、勾缝等所用材料的出厂检验和进场复检结果均应符合现行有关标准规定的合格要求。

（3）外墙饰面砖黏结强度的检验结果应符合现行行业标准《建筑工程饰面砖

黏结强度检验标准》（JGJ 110—2008）的规定。

（4）施工工艺文件中的复印件和抄件，应注明原件存放单位，签注复印或抄件人姓名并加盖出具单位的公章。

5. 工程实物的观感检查应符合下列要求：

（1）外墙面以建筑物层高或 4 m 左右高度为一个检查层，每 20 m 长度应抽查一处，每处长约 3 m。每一检查层应至少检查 3 处。有梁、柱、垛、翻檐时应全数检查，并进行纵向和横向贯通检查。

（2）外墙饰面砖的品种、规格、颜色、图案和粘贴方式应符合设计要求。

（3）外墙饰面砖必须粘贴牢固，不得出现空鼓。

（4）外墙饰面砖墙面应平整、洁净，无歪斜、缺棱掉角和裂缝。

（5）外墙饰面砖墙面的色泽应均匀，无变色、泛碱、污痕和显著的光泽受损处。

（6）外墙饰面砖接缝应连续、平直、光滑，填嵌密实；宽度和深度应符合设计要求；阴阳角处搭接方向应正确，非整砖使用部位应适宜。

（7）在Ⅲ、Ⅳ、Ⅴ区，与外墙饰面砖工程对应的室内墙面应无渗漏现象。

（8）在外墙饰面砖墙面的腰线、窗口、阳台、女儿墙压顶等处，应有滴水线（槽）或排雨水措施。滴水线（槽）应顺直，流水坡向应正确，坡度应符合设计要求。

（9）在外墙饰面砖墙面的突出物周围，饰面砖的套割边缘应整齐，缝隙应符合要求。

（10）墙裙、贴脸等墙面突出物突出墙面的厚度应一致。

6. 工程实物的量测应符合下列要求：

（1）外墙饰面砖工程实物量测点的数量，应符合规定。

（2）外墙饰面砖工程实物量测的项目、尺寸允许偏差值和检查方法，应符合相关的规定。

（3）外墙饰面砖工程，应进行饰面砖黏结强度检验。其取样数量、检验方法、检验结果判定均应符合现行行业标准《建筑工程饰面砖黏结强度检验标准》（JGJ 110—2008）的规定。

1）黏结强度检测仪应每年至少检定一次，发现异常时应随时维修、检定。

2）带饰面砖的预制墙板进入施工现场后，应对饰面砖黏结强度进行复验。

3）现场粘贴外墙饰面砖应符合下列要求：施工前应对饰面砖样板件黏结强度进行检验。监理单位应从粘贴外墙饰面砖的施工人员中随机抽选一人，在每种类型的基层上应各粘贴至少 1 m² 饰面砖样板件，每种类型的样板件应各制取一组 3 个饰面砖黏结强度试样。应按饰面砖样板件黏结强度合格后的黏结料配合比和施工工艺严格控制施工过程。

4）现场粘贴的外墙饰面砖工程完工后，应对饰面砖黏结强度进行检验。

5）现场粘贴饰面砖黏结强度检验应以每 1 000 m² 同类墙体饰面砖为一个检验批，不足 1 000 m² 应按 1 000 m² 计，每批应取一组 3 个试样，每相邻的三个楼层应至少取一组试样，试样应随机抽取，取样间距不得小于 500 mm。

6）采用水泥基胶黏剂粘贴外墙饰面砖时，可按胶黏剂使用说明书的规定时间或在粘贴外墙饰面砖 14 天及以后进行饰面砖黏结强度检验。粘贴后 28 天以内达不到标准或有争议时，应以 28～60 天内约定时间检验的黏结强度为准。

7）现场粘贴的同类饰面砖，当一组试样均符合下列两项指标要求时，其黏结强度应定为合格；当一组试样均不符合下列两项指标要求时，其黏结强度应定为不合格；当一组试样只符合下列两项指标的一项要求时，应在该组试样原取样区域内重新抽取两组试样检验，若检验结果仍有一项不符合下列指标要求时，则该组饰面砖黏结强度应定为不合格：

①每组试样平均黏结强度不应小于 0.4 MPa。

②每组可有一个试样的黏结强度小于 0.4 MPa，但不应小于 0.3 MPa。

8）带饰面砖的预制墙板，当一组试样均符合下列两项指标要求时，其黏结强度应定为合格；当一组试样均不符合下列两项指标要求时，其黏结强度应定为不合格；当一组试样只符合下列两项指标的一项要求时，应在该组试样原取样区域内重新抽取两组试样检验，若检验结果仍有一项不符合下列指标要求时，则该组饰面砖黏结强度应定为不合格：

①每组试样平均黏结强度不应小于 0.6 MPa。

②每组可有一个试样的黏结强度小于 0.6 MPa，但不应小于 0.4 MPa。

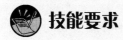 **技能要求**

【操作技能1】 混凝土墙面贴砖

步骤1：基层处理

首先将突出墙面的混凝土剔平，对大钢模施工的混凝土墙面应凿毛，并用钢丝刷满刷一遍，再浇水湿润。或可采取"毛化处理"办法，即先将表面浮土、污垢清扫干净，用 10% 火碱水将板面的油污刷掉，随后用清水将碱液冲净、晾干，在填充墙与混凝土接槎处时，应采取防止开裂的加强措施，当采用加强网时，加强网与各基体的搭接宽度不应小于 100 mm。然后 1∶1 水泥细砂浆内掺适量胶黏剂，用笤帚将砂浆甩到墙面上，其甩点要均匀，终凝后浇水养护，直至水泥砂浆疙瘩有较高的强度（用手掰不动）为止。

步骤 2：吊垂直、套方、找规矩、贴灰饼

若建筑物为高层时，应在四大角和门窗口边用经纬仪打垂直线找直；如果建筑物为多层时，可从顶层开始用特制的大线坠绷铁丝吊垂直，然后根据面砖的规格尺寸分层设点、做灰饼。横线则以楼层为水平基准线交圈控制，竖向线则以四周大角和通天柱或垛子为基准线控制。每层打底时则以此灰饼作为基准点进行冲筋，其间距不宜超过 2 m。底层灰做到横平竖直。同时要注意找好突出檐口、腰线、窗台、雨篷等饰面的流水坡度和滴水线（槽）。

步骤 3：抹底层砂浆

先刷一道掺加黏结胶的水泥素浆，紧跟着分层分遍抹底层砂浆（常温时采用配合比为 1∶3 的水泥砂浆），第一遍厚度宜为 5 mm，抹后用木抹子搓平、扫毛，隔天浇水养护；待第一遍六七成干时，即可抹第二遍，厚度约为 7 mm，随即用木杠刮平、木抹子搓毛，隔天浇水养护。若需要抹第三遍时，其操作方法同第二遍，直至把底层砂浆抹平为止。

步骤 4：弹线分格

待基层灰六七成干时，即可按图样要求进行分段分格弹线，同时也可进行面层贴标准点的工作，以控制面层出墙尺寸及垂直、平整。

步骤 5：排砖

根据大样图及墙面尺寸进行横竖向排砖，以保证面砖缝隙均匀，符合设计图样要求，注意大墙面、通天柱子和垛子要排整砖，以及在同一墙面上的横竖排列，均不得有一行以上的非整砖。非整砖行应排在次要部位，如窗间墙或阴角处等，但也要注意一致和对称。非整砖宽度不宜小于整砖宽度的 1/3。如遇有突出的卡件，应用整砖套割吻合，不得用非整砖随意拼凑镶贴。

步骤 6：浸砖

外墙面砖镶贴前，首先要对面砖进行挑选，将面砖清扫干净，放入净水中浸泡 2 h 以上，取出待表面晾干或擦干净后方可使用。

步骤 7：镶贴面砖

镶贴应自上而下进行。高层建筑采取措施后，可分段进行。在每一分段或分块内的面砖，均为自下而上镶贴。在最下一层砖下皮的位置线处稳好靠尺，以此托住第一皮面砖。在面砖外皮上口拉水平通线，作为镶贴的标准。在面砖背面宜采用1∶2水泥砂浆或水泥∶白灰膏∶砂=1∶0.2∶2的混合砂浆镶贴，砂浆厚度为6～10 mm，贴上后用灰铲柄轻轻敲打，使之附线，再用钢片开刀调整竖缝，并用靠尺通过标准点调整平面和垂直度。另一种做法是，用1∶1水泥砂浆掺加黏结胶，在砖背面抹4～4.8 mm厚粘贴即可。但此种做法其基层灰必须抹得平整，而且砂子必须用窗纱筛后使用。

另外也可用胶粉来粘贴面砖，其厚度为2～3 mm，用此种做法其基层灰必须更平整。如要求釉面砖拉缝镶贴时，面砖之间的水平缝宽度用米厘条控制，米厘条可将贴砖用砂浆与中层灰临时镶贴，米厘条贴在已镶贴好的面砖上口，为保证其平整，可临时加垫小木楔。女儿墙压顶、窗台、腰线等部位平面也要镶贴面砖时，除流水坡度符合设计要求外，应采取顶面面砖压立面面砖的做法，预防向内渗水，引起空裂；同时还应采取立面中最低一排面砖必须压底平面面砖，并低于底平面面砖3～5 mm的做法，让其起滴水线（槽）的作用，防止屋檐引起空裂。

步骤8：面砖勾缝与擦缝

面砖铺贴拉缝时，用1∶1水泥砂浆勾缝，先勾水平缝再勾竖缝，勾好后要求凹进面砖外表面2～3 mm，在横竖缝交接处应嵌入"八字角"，对评优工程"八字角"数量不低于95%。若横竖缝为干挤缝，或小于3 mm者，应用白水泥配颜料进行擦缝处理。面砖缝勾完后，用布或棉丝蘸稀盐酸擦洗干净。

【操作技能2】砖墙面贴砖施工

步骤1：抹灰前，墙面必须清扫干净，浇水湿润。

步骤2：大墙面和四角、门窗口边弹线找规矩，必须由顶层到底一次进行，弹出垂直线，并决定面砖出墙尺寸，分层设点、做灰饼。横线则以楼层为水平基线交圈控制，竖向线则以四周大角和通天垛、柱子为基准线控制。每层打底时则以此灰饼作为基准点进行冲筋，使基底层灰做到横平竖直。同时要注意找好突出檐口、腰线、窗台、雨篷等饰面的流水坡度。

步骤3：抹底层砂浆。先把墙面浇水湿润，然后用1∶3水泥砂浆刮一道约6 mm厚，紧跟着用同强度等级的砂浆与所冲的筋抹平，随即用木杠刮平、木抹子搓毛，隔天浇水养护。

其他做法同混凝土墙面。

【操作技能 3】 加气混凝土墙面镶贴

基层为加气混凝土墙面时，可酌情选用下述三种方法中的一种。

方法一：用水湿润加气混凝土表面，修补缺棱掉角处。修补前，先刷一道聚合物水泥浆，然后用水泥：白灰膏：砂子 = 1：3：9 混合砂浆分层补平，随即刷聚合物水泥浆并抹 1：1：6 水泥混合砂浆打底，用木抹子搓平，隔天浇水养护。

方法二：用水湿润加气混凝土表面，在缺棱掉角处刷聚合物水泥浆一道，用 1：3：9 水泥混合砂浆分层补平，待干燥后，钉金属网一层并绷紧。在金属网上分层抹 1：1：6 水泥混合砂浆打底（最好采取机械喷射工艺），砂浆与金属网应结合牢固，最后用木抹子轻轻搓平，隔天浇水养护。

方法三：找平层应分层施工，严禁空鼓，每层厚度应不大于 7 mm，且应在前一层终凝后再抹后一层；找平层厚度不应大于 20 mm，若超过此值必须采取加固措施。其他做法同混凝土墙面。

第8章
抹灰工程施工质量
检查与现场整理

第1节　抹灰工程施工质量检查

 学习单元1　一般抹灰工程施工质量检查及验收

 学习目标

➤ 熟悉抹灰工程施工质量验收的一般规定及验收质量要求。

➤ 掌握抹灰工程施工质量检查方法。

 知识要求

一、抹灰工程质量"三检"制度

1. 自检

操作人员在操作过程中必须按相应的分项工程质量要求进行自检，并经班组长验收后，方可继续施工。施工员应督促班组长自检，为班组创造自检条件（如提供有关表格、协助解决检测工具等），要对班组操作质量进行中间检查。

2. 互检

上道工序完成后下道工序施工前，班组长应进行交接检查，填写交接检查表，经双方签字，方准进入下道工序。上道工序出成品后应向下道工序办理成品保护手续，而后发生成品损坏、污染、丢失等问题时由下道工序的单位承担责任。

3. 专检

所有分项工程、隐检、预检项目，必须按程序，作为一道工序，邀请专检人员进行质量检验评定。

二、抹灰工程施工质量验收的一般规定

1. 抹灰工程应对水泥的凝结时间和安定性进行复验。

2. 抹灰工程应对下列隐蔽工程项目进行验收。

（1）抹灰总厚度大于等于 35 mm 时的加强措施。

（2）不同材料基体交接处的加强措施。

3. 各分项工程的检验批应按下列规定划分：

（1）相同材料、工艺和施工条件的室外抹灰工程每 1 000 m² 应划分为一个检验批，不足 1 000 m² 也应划分为一个检验批。

（2）相同材料、工艺和施工条件的室内抹灰工程每 50 个自然间（大面积房间和走廊按抹灰面积 30 m² 为一间）应划分为一个检验批，不足 50 间也应划分为一个检验批。

4. 检查数量应符合下列规定：

（1）室内每个检验批应至少抽查 10%，并不得少于 3 间；不足 3 间时应全数检查。

（2）室外每个检验批每 100 m² 应至少抽查一处，每处不得小于 10 m²。

5. 外墙抹灰工程施工前应先安装钢木门窗框、护栏等，并应将墙上的施工孔洞堵塞密实。

6. 抹灰用的石灰膏的熟化期不应少于 15 天，磨细生石灰粉的熟化期不应少于 3 天。

7. 室内墙面、柱面和门洞口的阳角做法应符合设计要求。设计无要求时，应采用 M20 以上水泥砂浆做暗护角，其高度不应低于 1.8 m，每侧宽度不应小于 50 mm。

8. 设计要求抹灰层具有防水、防潮功能时，应采用防水砂浆。

9. 各种砂浆抹灰层，在凝结前应防止快干、水冲、撞击、振动和受冻，在凝结后应采取措施防止玷污和损坏。水泥砂浆抹灰层应在湿润条件下养护。

10. 外墙和顶棚的抹灰层与基层之间及各抹灰层之间必须黏结牢固。

11. 抹灰工程验收时应检查下列文件和记录：

（1）抹灰工程的施工图、设计说明及其他设计文件。

（2）材料的产品合格证书、性能检测报告、进场验收记录和复验报告。

（3）隐蔽工程验收记录。

（4）施工记录。

三、一般抹灰工程施工质量验收要求

一般抹灰按质量要求分为普通、中级和高级三级。各级抹灰的常规要求如下：普通抹灰是分层赶平、修整、表面压光。中级抹灰是阳角找方，设置标筋，分层找平。高级抹灰是阴阳角找方，设置标筋，分层找平、修整、表面压光。当设计无要求时，按普通抹灰验收。

1. 主控项目

一般抹灰工程主控项目的检验方法包括：观察、手摸、尺量、小锤轻击。质量检查的方法有目测、手感、小锤轻击听声音、查资料、检测等。具体内容见表8—1，表格中的规范编号均来自《建筑装饰装修工程质量验收规范》（GB 50210—2001）。

表8—1　　　　　　　　　主控项目内容及验收要求

序号	项目内容	规范编号	质量要求	检查方法
1	基层表面	第4.2.2条	抹灰前基层表面的尘土、污垢、油渍等应清除干净，并应洒水润湿	检查施工记录
2	材料品种和性能	第4.2.3条	一般抹灰所用材料的品种和性能应符合设计要求。水泥的凝结时间和安定性复验应合格。砂浆的配合比应符合设计要求	检查产品合格证书、进场验收记录、复验报告和施工记录
3	操作要求	第4.2.4条	抹灰工程应分层进行。当抹灰总厚度大于等于35 mm时，应采取加强措施。不同材料基体交接处表面的抹灰，应采取防止开裂的加强措施，当采用加强网时，加强网与各基体的搭接宽度不应小于100 mm	检查隐蔽工程验收记录和施工记录
4	层黏结及面层质量	第4.2.5条	抹灰层与基层之间及各抹灰层之间必须黏结牢固，抹灰层应无脱层、空鼓，面层应无爆灰和裂缝	观察；用小锤轻击检查；检查施工记录

2. 一般项目

一般抹灰工程一般项目见表 8—2，表格中的规范编号均来自《建筑装饰装修工程质量验收规范》（GB 50210—2001）。

表 8—2　　　　　　　　　　一般项目内容及验收要求

项次	项目内容	规范编号	质量要求	检查方法
1	表面质量	第 4.2.6 条	一般抹灰工程的表面质量应符合以下要求：普通抹灰表面应光滑、洁净、接茬平整，分格缝清晰；高级抹灰表面应光滑、洁净、颜色均匀、无抹纹，分格缝和灰线应清晰美观	观察；手摸检查
2	细部质量	第 4.2.7 条	护角、孔洞、槽、盒周围的抹灰表面应整齐、光滑；管道后面的抹灰表面应平整	观察
3	分层处理要求	第 4.2.8 条	抹灰层的总厚度应符合设计要求；水泥砂浆不得抹在石灰砂浆上；罩面石膏灰不得抹在水泥砂浆层上	检查施工记录
4	分格缝	第 4.2.9 条	抹灰分格缝的设置应符合设计要求，宽度和深度应均匀，表面应光滑，棱角应整齐	观察；尺量检查
5	滴水线（槽）	第 4.2.10 条	有排水要求的部位应做滴水线（槽），滴水线（槽）应整齐顺直，滴水线应内高外低，滴水槽的宽度和深度均不应小于 10 mm	观察；尺量检查

四、一般抹灰工程的允许偏差及检验方法

一般抹灰工程的允许偏差检验常用工具有靠尺、方尺、塞尺、量尺、细线等。一般抹灰工程的允许偏差及检验方法见表 8—3，表格中的规范编号均来自《建筑装饰装修工程质量验收规范》（GB 50210—2001）。

表 8—3　　　　　　　　　　一般抹灰工程的允许偏差及检验方法

项次	项目	允许偏差（mm）		检验方法
		普通抹灰	高级抹灰	
1	立面垂直度	+4 0	+3 0	用 2 m 垂直检测尺检查
2	表面平整度	+4 0	+3 0	用 2 m 靠尺和塞尺检查
3	阴阳角方正	+4 0	+3 0	用直角检测尺检查

续表

项次	项目	允许偏差（mm）		检验方法
		普通抹灰	高级抹灰	
4	分格条（缝）直线度	+4 / 0	+3 / 0	拉 5 m 线，不足 5 m 拉通线，用钢直尺检查
5	墙裙、勒脚上口直线度	+4 / 0	+3 / 0	拉 5 m 线，不足 5 m 拉通线，用钢直尺检查

注：①普通抹灰，本表第 3 项阴角方正可不检查。

②顶棚抹灰，本表第 2 项表面平整度可不检查，但应平顺。

五、质量验收文件

1. 抹灰工程的施工图、设计说明及其他设计文件。

2. 材料的产品合格证书、性能检测报告、进场验收记录和复验报告。

3. 隐蔽工程验收记录。

4. 施工记录。

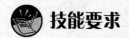 **技能要求**

抹灰工程质量检测

抹灰常用的质量检测工具仪器包括建筑工程检测器（2 m 尺）、楔形塞尺、内外直角检测尺、响鼓锤等。

一、立面垂直度检测

利用建筑工程检测器（2 m 尺）检测建筑物体立面的垂直度。检测尺为可展开式结构，合拢长 1 m，展开长 2 m。

主尺规格：2 000 mm × 55 mm × 25 mm（折叠后规格 1 000 mm × 55 mm × 25 mm），测量范围 2 000 mm，精度误差 0.5 m，如图 8—1 所示。

1. 用于 1 m 垂直度检测时，推下仪表盖。活动销推键向上推，将检测尺左侧面靠紧被测面（注意：握尺要垂直，观察红色活动销外露 3 ~ 5 mm，摆动灵活即可），待指针自行摆动停止时，直读指针所指刻度下行刻度数值，此数值即被测面 1 m 垂直度偏差，每格为 1 mm。

2. 用于 2 m 垂直度检测时，将检测尺展开后锁紧连接扣，检测方法同上，直读指针所指上行刻度数值，此数值即被测面 2 m 垂直度偏差，每格为 1 mm，如图 8—2 所示。如被测面不平整，可用右侧上下靠脚（中间靠脚旋出不要）检测。

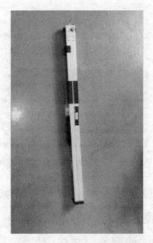

图 8—1　建筑工程检测器　　　　　图 8—2　立面垂直度检测

3. 建筑工程检测器校正方法：垂直检测时，如发现仪表指针数值偏差，应将检测尺放在标准器上进行校对调正，标准器可自制。将一根长约 2.1 m 水平直方木或铝型材竖直安装在墙面上，由线坠调正垂直，将检测尺放在标准水平物体上，用十字旋具调节水准管 "S" 螺钉，使气泡居中。

二、表面平整度检测

利用建筑工程检测器（2 m 尺）和楔形塞尺（见图 8—3），检测抹灰表面的平整度。建筑工程检测器（2 m 尺）侧面靠紧被测面，其缝隙大小用楔形塞尺检测，其数值即表面平整度偏差，如图 8—4 所示。

图 8—3　楔形塞尺　　　　　　　图 8—4　表面平整度检测

三、阴阳角方正检测

利用内外直角检测尺（见图8—5）检测抹灰阴阳角方正。阴角方正检测如图8—6所示。

图8—5 内外直角检测尺

图8—6 阴角方正检测

拉出活动尺，旋转270°即可检测，检测时主尺及活动尺都应该紧靠被测面，指针所指刻度牌数值即被测面130 mm长度的直角偏差，每格为1 mm。该尺在检测后离开被检测物体时，指针所指数值不会变动，检测后可将检测尺拿到明亮处看清数值。

四、抹灰空鼓的检查

抹灰空鼓的检查可以利用响鼓锤，如图8—7所示。

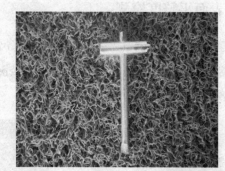

图8—7 响鼓锤

1. 用肉眼观看，其空鼓部位一般会略高出四周整体平面，并常常伴有裂缝，用手指按下去即可发现里面是空的。

2. 用响鼓锤逐一轻轻敲击，可听见与其他部位声音不同的空响，此处即为"空鼓"，如图8—8所示。

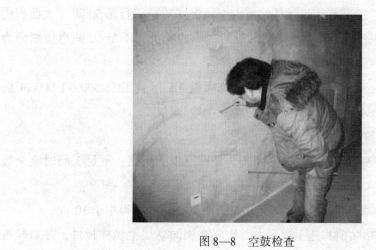

图 8—8　空鼓检查

○·○○○·○○○·○○○·○○○·○○○·○○○·○○○·○○○·○○○·○○○·○○○·○○○·○○○·○○○·○○○·○○○·○○

 学习单元 2　饰面砖（板）工程施工质量验收

○·○○○·○○○·○○○·○○○·○○○·○○○·○○○·○○○·○○○·○○○·○○○·○○○·○○○·○○○·○○○·○○○·○○

 学习目标

➤ 掌握饰面砖（板）工程施工质量验收的一般规定及验收内容。

 **知识要求**

一、一般规定

1. 饰面板（砖）工程应对下列材料及其性能指标进行复验：

（1）室内用花岗石的放射性。

（2）粘贴用水泥的凝结时间、安定性和抗压强度。

（3）外墙陶瓷面砖的吸水率。

（4）寒冷地区外墙陶瓷面砖的抗冻性。

2. 饰面板（砖）工程应对下列隐蔽工程项目进行验收：

（1）预埋件（或后置埋件）。

（2）连接节点。

（3）防水层。

3. 各分项工程的检验批应按下列规定划分：

（1）相同材料、工艺和施工条件的室内饰面板（砖）工程每 50 间（大面积房间和走廊按施工面积 30 m² 为一间）应划分为一个检验批，不足 50 间也应划分为一个检验批。

（2）相同材料、工艺和施工条件的室外饰面板（砖）工程每 500 ~ 1 000 m² 应划分为一个检验批，不足 500 m² 也应划分为一个检验批。

4. 检查数量应符合下列规定：

（1）室内每个检验批应至少抽查 10%，并不得少于 3 间；不足 3 间时应全数检查。

（2）室外每个检验批每 100 m² 应至少抽查一处，每处不得小于 10 m²。

5. 外墙饰面砖粘贴前和施工过程中，均应在相同基层上做样板件，并对样板件的饰面砖黏结强度进行检验，其检验方法和结果判定应符合《建设工程饰面砖黏结强度检验标准》（JGJ 110—2008）的规定。

6. 饰面板（砖）工程的抗震缝、伸缩缝、沉降缝等部位的处理应保证缝的使用功能和饰面的完整性。

二、饰面砖粘贴工程施工质量验收要求

饰面砖粘贴工程施工质量验收检查应按《建筑装饰装修工程质量验收规范》（GB 50210—2001）执行。该规范适用于内墙饰面砖粘贴工程和高度不大于 100 m、抗震设防烈度不大于 8°、采用满粘法施工的外墙饰面砖粘贴工程的质量验收。

1. 主控项目

饰面砖粘贴工程主控项目内容及验收要求见表 8—4，表格中的规范编号均来自《建筑装饰装修工程质量验收规范》（GB 50210—2001）。

表 8—4　　　　　　　　　　　　主控项目内容及验收要求

项次	项目内容	规范编号	质量要求	检查方法
1	饰面砖质量	第 8.3.2 条	饰面砖的品种、规格、图案、颜色和性能应符合设计要求	观察；检查产品合格证书、进场验收记录、性能检测报告和复验报告
2	饰面砖粘贴材料	第 8.3.3 条	饰面砖粘贴工程的找平、防水、黏结和勾缝材料及施工方法应符合设计要求及国家现行产品标准和工程技术标准的规定	检查产品合格证书、复验报告和隐蔽工程验收记录

项次	项目内容	规范编号	质量要求	检查方法
3	饰面砖粘贴	第8.3.4条	饰面砖粘贴必须牢固	检查样板件黏结强度检测报告和施工记录
4	满粘法施工	第8.3.5条	满粘法施工的饰面砖工程应无空鼓、裂缝	观察；用小锤轻击检查

2. 一般项目

饰面砖粘贴工程一般项目内容及验收要求见表8—5，表格中的规范编号均来自《建筑装饰装修工程质量验收规范》（GB 50210—2001）。

表8—5　　　　　　　　　一般项目内容及验收要求

项次	项目内容	规范编号	质量要求	检查方法
1	饰面砖表面质量	第8.3.6条	饰面砖表面应平整、洁净、色泽一致，无裂缝和缺损	观察
2	阴阳角及非整砖	第8.3.7条	阴阳角处搭接方式、非整砖使用部位应符合设计要求	观察
3	墙面突出物周围	第8.3.8条	墙面突出物周围的饰面砖应整砖套割吻合，边缘应整齐。墙裙、贴脸突出墙面的厚度应一致	观察；尺量检查
4	饰面砖接缝、填嵌、宽深	第8.3.9条	饰面砖接缝应平直、光滑，填嵌应连续、密实；宽度和深度应符合设计要求	观察；尺量检查
5	滴水线	第8.3.10条	有排水要求的部位应做滴水线（槽）。滴水线（槽）应顺直，流水坡向应正确，坡度符合设计要求	观察；用水平尺检查

三、饰面砖粘贴的允许偏差和检验方法

饰面砖粘贴的允许偏差和检验方法见表8—6，表格中的规范编号均来自《建筑装饰装修工程质量验收规范》（GB 50210—2001）。

表 8—6 饰面砖粘贴的允许偏差和检验方法

项次	项目	允许偏差（mm）		检验方法
		普通抹灰	高级抹灰	
1	立面垂直度	3	2	用 2 m 垂直检测尺检查
2	表面平整度	4	3	用 2 m 靠尺和塞尺检查
3	阴阳角方正	3	3	用直角检测尺检查
4	接缝直线度	3	2	拉 5 m 线，不足 5 m 拉通线，用钢直尺检查
5	接缝高低差	1	0.5	用钢直尺和塞尺检查
6	接缝宽度	1	1	用钢直尺检查

四、质量验收文件

1. 饰面板（砖）工程的施工图、设计说明及其他设计文件。

2. 材料的产品合格证书、性能检测报告、进场验收记录和复验报告。

3. 后置埋件的现场拉拔检测报告。

4. 外墙饰面砖样板件的黏结强度检测报告。

5. 隐蔽工程验收记录。

6. 施工记录。

第 2 节 抹灰工程现场整理

 学习单元 1 抹灰工程安全技术措施

 学习目标

➤ 掌握预防事故的一般措施、自我劳动保护安全技术措施、脚手架等安全技术措施。

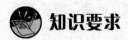 **知识要求**

一、预防事故的一般措施

1. 脚手架使用前应检查脚手板是否有空隙、探头板、护身栏、挡脚板，确认合格，方可使用。吊篮架子升降由架子工负责，非架子工不得擅自拆改或升降。作业过程中遇有脚手架与建筑物之间拉接，未经领导同意，严禁拆除。必要时由架子工负责采取加固措施后方可拆除。脚手架上的工具、材料要分散放稳，不得超过允许荷载。

2. 采用井字架、龙门架、外用电梯垂直运送材料时，预先检查卸料平台通道的两侧边安全防护是否齐全、牢固，吊盘（笼）内小推车必须加挡车掩，不得向井内探头张望。

3. 外装饰为多工种立体交叉作业，必须设置可靠的安全防护隔离层。贴面使用的预制件、大理石、瓷砖等，应堆放整齐、平稳，边用边运。安装时要稳拿稳放，待灌浆凝固稳定后，方可拆除临时支撑。余料、边角料严禁随意抛掷。

4. 脚手板不得搭设在门窗、暖气片、洗脸池等非承重的器物上。阳台通廊部位抹灰，外侧必须挂设安全网。严禁踩踏脚手架的护身栏杆和阳台栏板进行操作。

5. 室内抹灰采用高凳上铺脚手板时，宽度不得少于两块（50 cm）脚手板，间距不得大于 2 m。移动高凳时上面不得站人，作业人员最多不得超过 2 人。高度超过 2 m 时，应由架子工搭设脚手架。室内推小车要稳，拐弯时不得猛拐。

6. 在高大门、窗旁作业时，必须将门窗扇关好，并插上插销。

7. 夜间或阴暗处作业，应用 36 V 以下安全电压照明。

8. 瓷砖墙面作业时，瓷砖碎片不得向窗外抛扔。剔凿瓷砖应戴防护镜。使用电钻、砂轮等手持电动机具，必须装漏电保护器，作业前应试机检查，作业时应戴绝缘手套。遇有六级以上强风、大雨、大雾，应停止室外高处作业。

二、自我劳动保护安全技术措施

1. 参加施工的工人，要熟知抹灰工的安全技术操作规程。在操作中，应坚守工作岗位，严禁酒后操作。

2. 机械操作人员必须身体健康，并经过专业培训合格后，取得上岗证。机械操作工的长发不得外露。在没有防护措施的高空作业，必须系安全带。

3. 学员必须在师傅指导下进行操作。

4. 现场的脚手架、防护设备、安全标志和警告牌，不得擅自拆动，需要拆动的须经工地负责人同意后再做处理。施工现场的洞坑、沟、升降口、漏斗等危险处，要有防护设施或明显标志。在没有防护措施的高空作业，必须系安全带。距离地面 3 m 以上作业要有预防护栏、挡板或安全网。安全帽、安全带、安全网要定期检查，不符合要求的严禁使用。

三、脚手架安全技术措施

1. 抹灰、饰面等用的外脚手架，其宽度不得小于 0.8 m，立杆间距不得大于 2 m；大横杆间距不得大于 1.8 m。脚手板需满铺，离墙面不得大于 20 cm，不得有空隙和探头板。脚手架拐弯处脚手板应交叉搭接。垫平脚手板应用木块，并且要钉牢，不得用砖垫。脚手架的外侧，应绑 1 m 高的防护栏杆和钉 18 cm 高的挡脚板或防护立网。在门窗洞口搭设挑架（外伸脚手架），斜杆与墙面一般不大于 30°，并应支撑在建筑物牢固部位，不得支撑在窗台板、窗楣、腰线等处。墙内大横杆两端均必须伸过门窗洞两侧不少于 2.5 m。挑架所有受力点都要绑双扣，同时要绑防护栏杆。

2. 抹灰和饰面等用的里脚手架，宽度不应小于 1.2 m，脚手架距上层顶棚底不得小于 2 m。木凳、金属支架应搭设平稳牢固，脚手板跨度（横杆间距）不应大于 2 m。在同一脚手板跨度内不应超过 1 人，架上堆放材料不能过于集中。

3. 顶棚抹灰要搭设满堂脚手架，要铺满脚手板。脚手板距顶棚底应不小于 1 m，脚手板之间空隙的宽度不应大于 5 cm。

4. 严禁在门窗、暖气片、洗脸盆等器物上搭设脚手架，不得踩踏脚手架的护身栏杆和在阳台挡板上操作作业。阳台部位抹灰，应在外侧挂设安全网。

5. 如建筑物施工已有砌筑用外脚手架或里脚手架，则进行抹灰、饰面工程施工时就可以利用这些脚手架，待抹灰、饰面工程完成后再拆除脚手架。

6. 支搭、拆除高大架子要制定方案，方案必须经有关主管安全部门审核批准。

7. 外墙抹灰采用高大架子时，施工前架子整体必须经安全部门验收合格后，方可进行施工。

四、高空作业安全技术措施

1. 从事高空作业的人员要定期体检。经医生诊断，凡患高血压、心脏病、贫血病、癫痫病及其他不适于高空作业的，不得从事高空作业。

2. 高空作业衣着要轻便，禁止穿硬底鞋和带钉易滑的鞋。

3. 高空作业所用材料要堆放平稳，上下传递物件禁止抛掷，工具应随手放入工具袋内。

4. 遇有恶劣气候，如风力在六级以上，会影响安全施工时，禁止进行露天高空作业。

5. 攀登用的梯子不得缺挡，不得垫高使用。梯子横挡间距以 30 cm 为宜。使用时上端要扎牢，下端应采取防滑措施，单面梯与地面夹角以 60°～70° 为宜，禁止两人同时在梯上作业。如需接长使用，应绑扎牢固。人字梯底脚要拉牢。在通道处使用梯子，应有人监护或设置围栏。

6. 乘人的外用电梯、吊笼，应有可靠的安全装置。禁止随同运料的吊篮、吊盘等上下。

 ## 学习单元 2　环境保护与文明施工

 ## 学习目标

➢ 熟悉环境保护与文明施工相关内容。

 ## 知识要求

一、环境保护

环境保护主要是为保障作业人员的身体健康和生命安全，改善作业人员的工作环境与生活条件，保护生态环境，防治施工过程对环境造成污染和各类疾病的发生。

1. 一般规定

施工现场的施工区域办公区、生活区应划分清晰，并应采取相应的隔离措施。施工现场必须采用封闭围挡，高度不得小于 1.8 m。施工现场出入口应标有企业名称或企业标识。主要出入口明显处应设置工程概况牌，大门内应有施工现场总平面图和安全生产、消防保卫、环境保护、文明施工等制度牌。

施工现场临时用房应选址合理，并应符合安全、消防要求和国家有关规定。在工程的施工组织设计中应有防治大气、水土、噪声污染和改善环境卫生的有效措施。施工企业应采取有效的职业病防护措施，为作业人员提供必备的防护用品，对从事有职业病危害作业的人员应定期进行体检和培训。

施工企业应结合季节特点，做好作业人员的饮食卫生和防暑降温、防寒保暖、防煤气中毒、防疫等工作。施工现场必须建立环境保护、环境卫生管理和检查制度，并应做好检查记录。对施工现场作业人员的教育培训、考核应包括环境保护、环境卫生等有关法律、法规的内容。施工企业应根据法律、法规的规定，制定施工现场的公共卫生突发事件应急预案。

2. 室内环境污染控制

（1）室内环境污染物为：氡（Rn－222）、甲醛、氨、苯和总挥发性有机物（TVOC）。民用建筑工程根据控制室内环境污染的不同要求，划分为两类：Ⅰ类为住宅、医药、老年建筑、幼儿园、学校教室等民用建筑工程；Ⅱ类包括办公楼、商店、旅馆、文化娱乐场所、书店、图书馆、展览馆、体育馆、公共交通等候室、餐厅、理发店等。

（2）住宅装饰装修室内环境污染控制应符合《民用建筑工程室内环境污染控制规范》（GB 50325—2010）等国家现行标准的规定，设计、施工应选用低毒性、低污染的装饰装修材料。

（3）对室内环境污染控制有要求的，可按上述（1）的内容全部或部分进行检测，其污染物浓度限值应符合表8—7的要求。

表8—7 住宅装饰装修后室内环境污染物浓度限值

室内环境污染物	浓度限值（Ⅰ类）
氡（Bq/m³）	≤200
甲醛（mg/m³）	≤0.08
苯（mg/m³）	≤0.09
氨（mg/m³）	≤0.20
总挥发性有机物 TVOC（Bq/m³）	≤0.50

二、文明施工

文明施工是指保持施工场地整洁、卫生，施工组织科学，施工程序合理的一种施工活动。文明施工包括规范施工现场的场容场貌，保持作业环境的整洁卫生；科学、有序地组织施工；减少噪声、排放物和废弃物等对周围环境和居民的影响；保证员工的安全和健康。

工地主要入口要设置简朴规整的大门，门旁必须设立明显的标牌，标明工程名称，施工单位和工程负责人姓名等内容。建立文明施工责任制，划分区域，明确管理负责人，实行挂牌制，做到现场清洁整齐。施工现场场地平整，道路坚实畅通，有排水措施，基础、地下管道施工完后要及时回填平整，清除积土。现场施工临时水电要由专人管理，不得有长流水、长明灯。

施工现场的临时设施，包括生产、办公、生活用房、仓库、料场、临时上下水管道及照明、动力线路，要严格按施工组织设计确定的施工平面图布置、搭设或埋设整齐。工人操作地点和周围必须清洁、整齐，做到活完脚下清，工完场地清，丢洒在楼梯、楼板上的砂浆混凝土要及时清除，落地灰要回收过筛后使用，砂浆、混凝土在搅拌、运输、使用过程中，要做到不洒、不漏、不剩，使用地点盛放砂浆、混凝土必须有容器或垫板，如有洒、漏要及时清理。要有严格的成品保护措施，严禁损坏污染成品，堵塞管道。高层建筑要设置临时便桶，严禁在建筑物内大小便。建筑物内清除的垃圾渣土，要通过临时搭设的竖井或利用电梯井或采取其他措施稳妥下卸，严禁从门窗口向外抛掷。

施工现场不准乱堆垃圾及余物。应在适当地点设置临时堆放点，并定期外运。清运渣土垃圾及流体物品，要采取遮盖防漏措施，运送途中不得遗撒。根据工程性质和所在地区的不同情况，采取必要的围护和遮挡措施，并保持外观整洁。针对施工现场情况设置宣传标语和黑板报，并适时更换内容，切实起到表扬先进、促进后进的作用。施工现场严禁居住家属，严禁居民、家属、小孩在施工现场穿行、玩耍。

 学习单元3　施工现场管理及材料管理

 **学习目标**

➤ 熟悉施工现场管理的相关知识。
➤ 掌握现场材料管理的概念、原则、任务及内容。

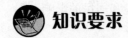 **知识要求**

一、施工现场管理

1. 施工现场管理的概念

施工现场指从事建筑施工活动经批准占用的施工场地。它既包括红线以内占用的建筑用地和施工用地，又包括红线以外现场附近经批准占用的临时施工用地。

施工现场管理就是运用科学的管理思想、管理组织、管理方法和管理手段，对施工现场的各种生产要素，如人（操作者、管理者）、机（设备）、料（原材料）、法（工艺、检测）、环境、资金、能源、信息等，进行合理的配置和优化组合，通过计划、组织、控制、协调、激励等管理职能，保证现场能按预定的目标，实现优质、高效、低耗、按期、安全、文明地生产。

2. 施工现场管理的意义

施工现场管理的意义主要表现在以下几个方面：

（1）施工现场管理是贯彻执行有关法规的集中体现。

（2）施工现场管理是建设体制改革的重要保证。

（3）施工现场是施工企业与社会的主要接触点。

（4）施工现场管理是施工活动正常进行的基本保证。

（5）施工现场是各专业管理联系的纽带。

3. 施工现场管理的任务

施工员是现场施工的直接指挥员，应学习有关施工现场管理的基本理论和方法，合理组织施工，达到优质、低耗、高效、安全和文明施工的目的。

施工现场管理的任务，具体可以归纳为以下几点：

（1）全面完成生产计划规定的任务（含产量、产值、质量、工期、资金、成本、利润和安全等）。

（2）按施工规律组织生产，优化生产要素的配置，实现高效率和高效益。

（3）搞好劳动组织和班组建设，不断提高施工现场人员的思想和技术素质。

（4）加强定额管理，降低物料和能源的消耗，减少生产储备和资金占用，不断降低生产成本。

（5）优化专业管理，建立完善管理体系，有效地控制施工现场的投入和产出。

（6）加强施工现场的标准化管理，使人流、物流高效有序。

（7）治理施工现场环境，改变"脏、乱、差"的状况，注意保护施工环境，做到施工不扰民。

4. 施工现场管理的内容

（1）平面布置与管理

1）施工现场的布置，是要解决建筑施工所需的各项设施和永久性建筑（拟建和已有的建筑）之间的合理布置，按照施工部署、施工方案和施工进度的要求，对施工用临时房屋建筑、临时加工预制场、材料仓库、堆场和临时水、电、动力管线及交通运输道路等做出周密规划和布置。

2）施工现场平面管理就是在施工过程中对施工场地的布置进行合理的调节，也是对施工总平面图全面落实的过程。

（2）材料管理

全部材料和零部件的供应已列入施工规划，现场管理的主要内容是：确定供料和用料目标；确定供料、用料方式及措施；组织材料及制品的采购、加工和储备，做好施工现场的进料安排；组织材料进场、保管及合理使用；完工后及时退料及办理结算等。

（3）合同管理

现场合同管理是指施工全过程中的合同管理工作，它包括两个方面：一是承包商与业主之间的合同管理工作；二是承包商与分包之间的合同管理工作。现场合同管理人员应及时填写并保存有关方面签证的文件。

（4）质量管理

现场质量管理是施工现场管理的重要内容，主要包括以下两个方面工作：

1）按照工程设计要求和国家有关技术规定，如施工质量验收规范、技术操作规程等，对整个施工过程的各个工序环节进行有组织的工程质量检验工作，不合格的建筑材料不能进入施工现场，不合格的分部分项工程不能转入下道工序施工。

2）采用全面质量管理的方法，进行施工质量分析，找出产生各种施工质量缺陷的原因，随时采取预防措施，减少或尽量避免工程质量事故的发生，把质量管理工作贯穿到工程施工全过程，形成一个完整的质量保证体系。

（5）安全管理

安全管理贯穿于施工的全过程，交融于各项专业技术管理，关系着现场全体人员的生产安全和施工环境安全。现场安全管理的主要内容包括：安全教育；建立安全管理制度；安全技术管理；安全检查与安全分析等。

二、现场材料管理

1. 现场材料管理的概念

施工现场是建筑工程企业从事施工生产活动，最终形成建筑产品的场所，占建筑工程造价 60% 左右的材料费，都要通过施工现场投入消费。施工现场的材料与工具管理，属于生产领域里材料耗用过程的管理，与企业其他技术经济管理有密切的关系，是建筑工程材料管理的关键环节。

现场材料管理是在现场施工过程中，根据工程类型、场地环境、材料保管和消耗特点，采取科学的管理办法，从材料投入到成品产出全过程进行计划、组织、协调和控制，为求保证生产需要和材料的合理使用，最大限度地降低材料消耗。

现场材料管理的质量是衡量建筑企业经营管理水平和实现文明施工的重要标志，也是保证工程进度和工程质量，提高劳动效率，降低工程成本的重要环节。对企业的社会声誉和投标承揽任务都有极大影响。加强现场材料管理，是提高材料管理水平、克服施工现场混乱和浪费现象、提高经济效益的重要途径之一。

2. 现场材料管理的原则和任务

（1）全面规划

在开工前制定现场材料管理规划，参与施工组织设计的编制，规划材料存放场地、道路，做好材料预算，制定现场材料管理目标。全面规划是使现场材料管理全过程有序进行的前提和保证。

（2）计划进场

按施工进度计划，组织材料分期分批有秩序地入场。一方面保证施工生产需要；另一方面要防止形成大批剩余材料。计划进场是现场材料管理的重要环节和基础。

（3）严格验收

按照各种材料的品种、规格、质量、数量要求，严格对进场材料进行检查，办理收料。验收是保证进场材料品种和规格对路、质量完好、数量准确的第一道关口，是保证工程质量、降低成本的重要保证。

（4）合理存放

按照现场平面布置要求，做到合理存放，在方便施工、保证道路畅通、安全可靠的原则下，尽量减少二次搬运。合理存放是妥善保管的前提，是生产顺利进行的保证，是降低成本的有效措施。

（5）妥善保管

按照各项材料的自然属性，依据物资保管技术要求和现场客观条件，采取各种有效措施进行维护、保养，保证各项材料不降低使用价值。妥善保管是物尽其用、实现成本降低的保证条件。

（6）控制领发

按照操作者所承担的任务，依据定额及有关资料进行严格的数量控制。控制领发是控制工程消耗的重要关口，是实现节约的重要手段。

（7）监督使用

按照施工规范要求和用料要求，对已转移到操作者手中的材料，在使用过程中进行检查，督促班组合理使用，节约材料。监督使用是实现节约、防止超耗的主要手段。

（8）准确核算

用实物量形式，通过对消耗活动进行记录、计算、控制、分析、考核和比较，反映消耗水平。准确核算既是对本期管理结果的反映，又为下期管理提供改进的依据。

3. 现场材料管理的内容

（1）施工准备阶段的材料管理工作

建筑工程施工现场是建筑材料的消耗场所。现场材料管理属于材料使用过程的管理，施工准备阶段的现场材料管理工作包括：

1）了解工程概况，调查现场条件。查设计资料，了解工程基本情况和对材料供应工作的要求；查工程合同，了解工期、材料供应方式，付款方式，供应分工；查自然条件，了解地形、气候、运输、资源状况；查施工组织设计，了解施工方案、施工进度、施工平面、材料需求量；查货源情况，了解供应条件；查现场管理制度，了解对材料管理工作的要求。

2）计算材料用量，编制材料计划。按施工图样计算材料用量或者查预算资料摘录材料用量。根据需用量、现场条件、货源情况确定申请量、采购量、运输量等。材料需要量包括现场所需各种原材料、结构件、周转材料、工具用具等的数量。按施工组织设计确定材料使用时间。按需用量、施工进度、储备要求计算储备量及占地面积。编制现场材料的各类计划。包括需用计划、供应计划、采购计划、申请计划、运输计划等。

3）设计平面规划，布置材料堆放。材料平面布置，是施工平面布置的组成部分。材料管理部门应配合施工管理部门积极做好布置工作，满足施工的需要。材料平面布置包括库房和料场面积计算、选择位置两项内容。选择平面位置应遵循以下原则：靠近使用场地，尽量使材料一次就位，避免二次或多次搬运。如无法避免二次搬运，也要尽量缩短搬运距离。库房（堆场）附近道路畅通，便于进料和出料。库房（堆场）的地点有足够的面积，能满足储备面积的需要。库房（堆场）附近有良好的排水系统，能保证材料的安全与完好。按施工进度分阶段布置，先用先进，后用后进。在满足上述原则的前提下，尽量节约用地。

（2）施工阶段的现场材料管理

进入现场的材料，不可能直接用于工程中，必须经过验收、保管、发料等环节才能被施工生产所消耗。现场材料的验收、保管、发料工作和仓库管理的业务类似。但施工现场的材料杂，堆放地点多为临时仓库或料场，保管条件差，给材料管理工作带来许多困难。施工阶段的现场材料管理工作包括：

1）进场材料的验收。现场材料管理人员应全面检查、验收入场的材料。除了仓库管理中入库验收的一般要求外，应特别注意下面几点：

①材料的代用。现场材料都是将要被工程所消耗的材料，其品种、规格、型号、质量、数量必须和现场材料需用计划相吻合，不允许有差错。少量的材料因规格不符而要求代用，必须办理技术和经济签证手续，分清责任。

②材料的计量。现场材料中有许多地方材料，计量中容易出现差错，应事先做好计量准备、约定好验量的方法，保证进场材料的数量。比如砂石计量，就应事先约好是车上验方还是堆场验方，如果是堆场验方则还应确定堆方的方法等。

③材料的质量。入场材料的质量，必须严格检查，确认合格后才能验收。因此，要求现场材料管理人员熟悉各种材料质量的检验方法。对于有的材料，必须附质量合格证明才能验收；有的材料虽有质量合格证明，但材料过了期也不能验收。

2）现场材料的保管。现场材料的堆放，由于受场地限制一般比仓库零乱一些，再加上进出料频繁，使保管工作更加困难。应重点抓住以下几个问题：

①材料的规格型号。对于易混淆规格的材料，要分别堆放，严格管理。比如水泥，除了规格外，还应分清生产地、进场时间等。

②材料的质量。对于受自然界影响易变质的材料，应特别注意保管，防止变质损坏。如木材应注意支垫、通风等。

③材料的散失。由于现场保管条件差，多数材料都是露天堆放，容易散失，要采取相应的防范措施。比如砂石堆放，应平整好场地，否则因场地不平会损失一些材料。

④材料堆放的安全。现场材料中有许多结构件，它们体大量重，不好装卸，容易发生安全事故。因此要选择恰当的搬运和装卸方法，防止事故发生。

3）现场材料的发放。现场材料发放工作的重点，是要抓住限额问题。现场材料需方多是施工班组或承包队，限额发料的具体方法视承包组织的形式而定。主要有以下几种：

①计件班组的限额领料。材料管理人员根据班组完成的实物工程量和材料需用计划确定班组施工所需材料用量，限额发放。班组领料时应填写限额领料单。

②按承包合同发料。实行内部承包经济责任制，按承包合同核定的预算包干材料用量发料。承包形式可分为栋号承包、专业工程承包、分项工程承包等。